国家自然科学基金项目：51308451、51678481 资助

人居环境可持续发展论丛（西北地区）

RESEARCH ON THE NEW PATTERN OF RURAL RESIDENT
– SHANXI GUANZHONG FOULK DWELLING FOR EXAMPLE

农村新民居模式研究
——以陕西关中民居为例

虞志淳 著

U0352511

中国建筑工业出版社
CHINA ARCHITECTURE & BUILDING PRESS

在我国推进新型城镇化、建设美丽乡村背景下，农村民居建筑面临居住环境改善，生活质量提升的发展契机，也成为地域绿色建筑探索的重要领域。近年来涌现出一批立足乡土民居、地域建筑演变发展的理论研究和实践成果，但对当代民居建筑的全面更新发展与实践探索还不多见。

陕西关中是一个历史积淀深厚、地域文脉绵延的地区，是悠久黄河文化的重要承载区域。因其地形广袤平坦，气候适宜，农业条件优越而形成守土恋家、豪爽率直、耕读传家的地域文脉。关中民居以其厚重、质朴、平实、内敛独具魅力，在我国民居大家庭中占有一席之地。

随着经济社会发展、文化观念更替，现代关中农村民居在自发转型背景下，发生了较深层次的变化。院落组合、建筑空间、材料更替、外观风貌等发生了较大变化，使用功能和舒适度有了显著提高，但同时也出现了盲目效仿普遍，理论研究与技术指导不足，原有的生态节能经验与现代技术规范同时缺失，地域特色传承堪忧等诸多现象。针对相关问题的梳理与研究、引导与实践已成为亟待解决的课题。

本书作者虞志淳多年来潜心致力于关中农村民居建筑的绿色更新与实践，对传统民居及村落的发展历史及演化轨迹进行了深入研究，足迹踏遍了关中地区的田野村庄，为读者展现出关中民居的历史面貌。对传统民居到新民居的转型与演进做了多学科、多视角阐述，分析了其经验与问题所在，对新民居空间构成、传统生态经验应用、现代建筑技术融合以及地域性传承提出了卓有见地的方法与途径，具有典型性、实践推广价值和理论研究意义，深感欣慰和难能可贵。

希望今后有更多的人关注农村民居的传承和更新研究，推动民居的现代化、生态化和地域化协调发展。是为序。

前言

在中国建筑发展历史中，官式建筑与乡土民居两大体系共存。官式建筑是建筑历史的主线；民居建筑自在生成，多姿多彩，源远流长。当代农村建筑与城市建筑在空间、技术、文化、经济等方面存在明显差距，同样可以看作是不同的建筑体系。城市建筑规范严整，从设计到施工有一系列的监管与质量体系，是现代建筑的主流；农村民居依然延续自建方式，与传统民居有着千丝万缕的关联，建设总量巨大，但整体质量参差不齐。在当前新农村建设中，民居的理论指导和技术实践仍远远落后于建设的速度，迫切需要针对农村居住问题的相关理论研究，探索民居与村落的地域性成为重要课题。从传统民居到新民居，看似非主流的建筑命题，却关乎百姓民生，涉及地域建筑和绿色建筑等研究领域，实践中的需求显得更是迫切。本书内容为笔者多年来的研究实践，从传统民居切入，着眼于现实需求与未来发展的新民居研究。

依托国家自然科学基金项目（51308451、51678481），从陕西关中传统民居追根溯源，深度解析，由建筑空间、生态技术、民居文化、外部空间等角度挖掘民居精华，展现独特魅力。随着农村社会经济的发展，透视关中现代民居，分析梳理其经验与问题所在。提出关中新民居的创作方法与途径，围绕现代化、生态化和地域性三大主题，以建筑空间及其围合手法探讨新民居的空间演变；以传统生态经验与现代建筑技术的融合探讨新民居的生态化运用；以现代生活需求探讨新民居的文化内涵与地域性，实现建筑空间、技术建构与文化传承的提升。以融合与整合、传承与创新为目标，在空间与交往、村落外部空间等方面，提出营造人性空间、人文场所的方法与策略。

目
录

1.1 民居的现状与境遇

1.1.1 国内民居现状

中国民居类型丰富、形式多样，由于地域气候与文化的差异而异彩纷呈。乡土社会在区域之间较为孤立，民居的形成发展遵循这一规律，呈现出千姿百态的地域性特征。但是随着时代变迁，无论是北京四合院、徽州民居还是客家土楼，都经历了面临破坏再到保护延续的过程，然而传统意义上的繁衍发展都已经不复存在。经常在报刊看到"某地的古民居现状堪忧"，然后冠以旅游、文物资源的名义得到保护，博物馆式地收藏并展出，居住已经成为传统民居的客串演出。各地农村民居从外形到内涵已经发生了很大改变，尤其与经济发展水平相关，在欠发达地区还保存着传统的印迹，但这种现状随着经济的发展面临更大的担忧，因为居住者渴望改变现状的愿望更为迫切。民居的更新发展是必然的，生活水平的提高也是必需的，当经济、文化与建筑步入更高的发展层次，必将摆脱现在偏颇的发展局面。

我国乡土民居在近三十多年的时间里经历着巨变，从传统中迅速转身，无所依循地蔓延蜕变，一个个宅院与村落变化悄然发生，遍布大江南北。民居外形上有着现代建筑的"简洁"与"统一"，但建设过程违背现代科学发展与传统自然观念，建筑空间简单堆砌、建筑质量普遍较低、地域文化逐步消失。民居的现状问题重重，其无序发展已成为十分普遍的现象，主要存在以下几个问题：

1. 地域特色消弭

在大量的农村调研中，到处可见笔直的村道两侧排列着整齐而相像的宅院。单一的空间格局，雷同的外观，让人们不知身处何地，地域特色和文化特征正在逐渐缺失和消亡。无论南方北方，气候差异在民居上的差别正在逐步缩小，相像的砖混住宅大量推广使用。整齐划一表达的不是秩序而是思想性与创造力的匮乏，洁白耀眼的瓷砖墙面在黄土地或青山绿水中显得生硬和另类，冰冷的金属防盗门也使温暖的人际关系变得疏远。民居在盲目效仿中丢失了自身优势，在现代演化中已经迷失方向，现代化的脚步迅猛而蹒跚。建筑不是家用电器，拿来就能使用，简单地堆砌钢筋、水泥和砖瓦，模仿城市样板，无法建造出满足现代农村生活需求与地域特色的民居建筑。

由于城市文明的主导地位，农村及其民居往往被冠以"落后"的标签，简单复制城市模式，难以重塑农村个性特色。农民居住条件的提高体现在对居住质量与文化内涵需求的同步提升，而农村建筑在设计理论与方法[1]上与城市均不尽相同，是一个独立的研究领域。农村民居具有鲜明的地域文化特征，同时融入自然生态系统，如何使其与时俱进，在现代化、生态化和地域性诸方面实现共荣，是重要而迫切的研究命题。针对城乡规划、建筑设计、生态技术、人文历史等学科的综合研究成为新常态下提升城镇化质量与内涵的必然需求。

2. 背离自然生态优势

虽然农村居住建筑均为农民自建，建设用材及其过程无不精打细算，但是由于相关研究、规划引导、技术指导和建设管理的不足，大量新建民居带来普遍的土地浪费、低水平重复建设等问题。在农村，出现了人口向城市转移但农村居住用地不减反增的反常现象，其关键原因就是宅基面积超标、一户多宅、空置废弃及短命建筑的现象普遍存在，造成了大量的人力和资源浪费。

传统民居及其聚居场所逐渐被水泥、砖和预制楼板所替代，具有良性能量物质循环的民居空间让位于依赖外界输入的被动平衡系统。建筑观念与建设过程背离自然和谐的经验做法，也普遍缺少建筑规范要求的抗震、保温隔热等构造措施。目前我国北方农村居住冬季采暖单位能耗是城市的1.5～2倍[2]，而热效率极低，调研测试发现关中农村冬季室内温度尚不足10℃，热舒适度差。探其原因是传统生态经验与现代节能技术的共同缺失。既背离传统民居对于自然气候的尊崇，又没有采取与之相适应的有效建筑技术措施，现代民居的气候适应性正在逐步丧失。

随着农村建设强度的加大，能源消耗量增大，对环境的破坏程度也日益严重，白色污染、水资源匮乏等问题已成为农村发展的瓶颈。

3. 消失的文化

由于社会与文化的变革，传统建筑材料的使用迅速衰退，相依附的传统建筑文化也随之丢失，导致民居个性特征消失，传统文化所体现的家族伦理和天然秩序被消解，新建筑与村落把人与人、人与自然沟通的渠道切断，人与人之间的交往也随之淡漠，对比传统村落的文化内涵显得苍白无力。作为历史悠久的文明古国，传统文化广博而深厚，传承不足是对历史文化资源的极大浪费。审美与文明需要修养与时间的积淀，民居的演变是持续而漫长的过程。外来文化和营建方式的冲击会导致其突变，但这种突变是暂时的，文化与技术的再适应调整必然会产生与其相适应的新民居类型，而针对民居文化的发掘与研究尤为重要。

1.1.2 关中民居境遇

关中历史文化底蕴深厚，因为延续性的民居建设，在原址上拆旧盖新，关中民居现存于世的并不多，国家级历史文化名村仅有韩城党家村和源柏社村。关中民居在民间影响力上也没有山西大院、北京四合院那样有名，这几类民居同属北方院落式民居，由于地缘优势与经济水平的差异以及遗存数量的多寡，关中民居的境遇不容乐观。

此外，在合阳灵泉村等地，传统民居与现代民居的差异极为显著。建筑文化的断裂让新建民居难觅传统印记。传统建筑技术已经走到失传的边缘，传统工艺与匠人无从寻找，建造一如往昔的传统关中民居已经是个艰巨的任务。在现代文明和生活方式的影响下，传统关中民居也表现出明显缺陷，不再适应现代农民生活的需要，丢弃传统也是无奈的选择。

长期以来，关于关中民居的研究更多地停留在基于历史文化保护与更新的研究上，在学术界具有相当地位与影响，但由于优秀的传统民居散落乡间、散点状分布，没有形成规模以利保护、更新与利用，面临拆除和自然风化的困境。同时对于与使用者息息相关的新民居研究尚未引起足够重视，加之农村自建房形式不易指导管理，建筑质量普遍不高，种种原因造成关中民居呈现"有名无实"的局面。

关中民居作为本地区特有的合院民居形式，其源远流长的历史、博大精深的文化，铸就其风格独具的面貌。深入研究并发掘其历史文化、寻找其特色特征，为今天民居建设寻求发展途径及结合点，意义深远。

1.2 民居研究的发展趋势

1.2.1 研究现状

1. 三种转变

20世纪50年代到60年代，传统民居研究主要运用建筑学实物测绘以及访问调查、分析研究的方法，掌握了大量传统民居的建筑平面、外观、结构、材料、构造和装饰装修的资料，为后续研究奠定了基础。自20世纪90年代以来，结合生态学、社会学、人文历史等多学科的综合研究成为民居研究的主要方法，较为全面地揭示了民居形成的规律和内在特征。陆元鼎教授将民居研究的现状总结为四个结合[3]：民居研究与社会、文化、哲理思想结合；与形态、环境等方面相结合；与营造、设计法相结合；与保护、改造、发展相结合。随着民居研究的深入，单纯的资料积累无法扭转日渐衰败的趋势，民居的更新创作开始受到关注。

当前民居研究重点体现在三种转变上：其一是由只关注发现、收集整理传统民居转向民居发展、更新，新乡土建筑理论和创作的研究，尤其是非历史建筑相关的民居更新与创作研究。其二是由单一建筑学视角的观察转向与其他学科相结合的研究观点和方法，如综合法、比较法、系统论等，借鉴人文、社会科学的观察视角和分析方法，运用生态学、类型学、建筑技术等学科深入全面剖析。其三是由孤立的居住建筑转向村落、乡村聚落的研究。民居是以建筑组合而形成的群体，从村落和聚落，甚至从某一地区、民系的角度，归纳总结地域性民居建筑共同或相似的居住模式，是更广阔、更深层次的民居研究领域。

2. 乡土民居

乡土建筑（vernacular architecture也译为风土建筑）、民居（vernacular dwellings/folk dwellings）在不同著作与文章中出现，"乡土建筑"[4]涵盖了更为广阔的研究范围："人们的住所或是其他的建筑物。他们通常由房主和社区来建造，与环境的文脉及适用的资源相关联，并使用传统的技术。任何形式的乡土建筑都可以因特定的需求而建，并同促生他们的文化背景下的价值、经济及其生活方式相适应。"其特征为：本土的、匿名的（即没有建筑师设计的）、自发的（即非自觉的）、民间的（即非官方的）、传统的、乡村的等。陈志华先生提出："乡土建筑是乡土环境中一切建筑的总和，是一个完整的系统。"其中包括民居的研究，甚至提出用"乡土建筑"研究代替"民居"研究的观点。但在学界使用"民居"这一名词由来已久，作为独立的研究领域成果丰硕，传统民居学术委员会、民居专业学术委员会和民居建筑专业委员会等学术团体引领我国民居的学术研究。民居的内涵与外延已被大大拓展，乡土建筑与民居在不同文献里各有表述，甚至互为代替，但研究内容与对象并不完全一致。

此外，"风土建筑"[5]是指我国城乡中那些具有很强历史性、风俗性和地域性特征的建筑。不仅指受到法律、法规保护的少量文物建筑、优秀近代历史建筑，而且指与之相关的大量历史遗留老建筑。风土建筑是一个地方城乡特色和人文景观的重要方面，蕴涵着丰厚的社会价值、环境价值和经济价值，是全球化和城市化进程中正在消失的城乡建筑文化资源和文化生态系统的重要组成部分。风土建筑涵盖了城市与乡村的历史遗留老建筑，侧重于历史文脉保护的主旨，其中也包含优秀的传统民居建筑。

无论乡土或是风土，均为对"vernacular"的诠释不同，但其中重要的研究内容和对象均为民居。综合上述观点，乡土民居的概念限定性更强，是指通过气候、文化、社会和手工艺的结合而自发产成的乡间居住建筑，本书更倾向于基于乡土民居概念的关中农村居住建筑研究。

3. 关中民居

陕西民居由陕北民居、关中合院和陕南民居组成，陕北民居是窑居，陕南民居则受到湖北民居和四川民居影响，而关中民居是三秦大地最具代表性的合院民居形式，在中国民居建筑中自成一派，风格独特（图1-1）。关中民居主要布局特点是四面围合，且多沿纵轴布置房屋，以厅堂层层组织院落，向纵深发展的狭长平面形式，具有深宅、窄院和封闭的特征。厢房的进深浅，厢房屋顶多做单坡，坡向院内。户户毗连，夹道布置，形成富有韵律的外形轮廓，青砖灰瓦和黄土的色彩给人以紧凑、端正、质朴、厚重的感受。

从20世纪80年代至90年代起，国内民居研究取得一定的研究成果。张璧田和刘振亚主编的《陕西民居》（1993年）是最早较为全面研究陕西民居的专著；周若祁和张光主编的《韩城村寨与党家村民居》（1999年）在调查、测绘的基础上深入研究党家村村落及其民居形态和历史演变，提高了党家村的知名度和地位。此外陆元鼎、孙大章、王其钧、荆其敏等民居研究专家们在其民居专著中都是以章节小篇幅介绍关中民居。以上著作从平面空间、外观形态、结构构造等方面总结传统关中民居的特征，尤其是《陕西民居》通过实例分析列举关中各地的代表性民居建筑，展现出传统关中民居的独特魅力。近年来有吴昊、周靓著《陕西关中民居门楼形态及居住环境研究》（2014年）、李琰君《陕西关中传统民居建筑与居住民俗文化》（2011年），属于民俗文化、装饰艺术等角度的研究。

值得关注的是近年来西安建筑科技大学关于关中民居和陕西乡村的研究逐步开展，涌现一批相关的硕博论文。这些论文基于各自不同的专业背景和研究方向，多方位探讨关中乡村民居的相关问题。大致可分为三个研究方向：

图1-1 韩城党家村

（1）建筑学角度。一方面是基于民居历史文化的发掘与继承、保护与更新，建筑空间形态仍然是研究的重点；另一方面是基于实地测绘和调研的民居形态研究，收集整理出有关关中民居的建筑空间、院落形态和装饰构件等空间形态方面的资料，探讨民居发展的外部规律。

（2）规划角度。从乡村规划的视角研究关中农村，其中涉及关中民居更新、村落规划设计、人居环境建设、挖掘民居和村落更新的内在动因。

（3）建筑技术角度。通过实验与测试手段归纳分析传统关中民居、现代农村住宅室内热环境特征，挖掘传统民居在建筑热工、材料和构造等方面的优势，探讨传统技术及其现代改造等问题。

以上三方面的研究由于作者学科背景的不同，从各自角度论述，虽缺少学科交叉式的综合研究，但都对于关中民居的研究奠定基础。

4. 新乡土建筑与新民居

新乡土建筑的兴起带来民居研究的新气象，新乡土建筑"是指由当代的建筑师设计的，灵感主要来源于传统乡土建筑的新建筑，是对传统乡土方言的现代阐释。"[6]新加坡建筑师林少伟提出"当代乡土"（contemporary vernacular）[7]，是指"一种自觉的追求，用以在此过程中，建筑师需要判定哪些过去的原则在今天仍然是适合有效的……纵观历史，建筑传统是不连续的，建筑形式也不是一成不变的……它们通常是本土和外来因素的混合体，它们扩散、混合，在此过程中协调作用，轮流推动事物变迁发展。某些意义和实践被当作重点加以强调，而其地的则被忽视和排除。"[8]1998年吴良镛先生提出"现代建筑地域化"与"乡土建筑现代化"的命题，明确地指出了中国建筑尤其是民居的发展方向。并提出民居不是僵硬的样式，其形式与内容、技术与艺术都要与时俱进，应从创新的角度使其苗壮发展，从其产生的地理环境、历史条件、生活习俗、技术体系等诸多源流来多方面地寻找其形成规律、发挥创造。

鉴于以上分析，新民居从属于新乡土建筑的范畴，泛指在一定区域内农村现代化进程中，基于现代社会和技术进步下的民居更新研究，表现特定传统对场所和气候条件的认知，并将这些合乎习俗和象征性的特征外化为新空间场所和现代营造技术，这些新形式和技术能反映当今的价值观、文化导向和生活方式，是源于传统但并不拘泥于传统的现代民居建筑。

5. 民居更新实践

目前基于传统民居更新实践性的研究成果远远少于认知性，还处于零星点状分布，尚未形成规模与气候。传统民居更新研究的代表性的作品有20世纪90年代吴良镛先生的北京菊儿胡同改造工程（图1-2），以多层集合式住宅围合院落的方式，"变院墙为户壁，竖向再生"，创作出"新四合院"、新院落体系，是传统住区的创新更新模式，体现了院落与城市在空间认知上的同构关系，变传统院落的

农村新民居模式研究——以陕西关中民居为例

图1-2 北京菊儿胡同

墙套墙为院套院，水平与垂直两个方向叠合生长。还有1992年苏州"桐芳巷"模式，采用了独立和半独立式小住宅，建筑在体量、风格和空间上体现传统，延续历史风貌。通过这些有益的尝试和探索，我国各地民居保护、更新的研究逐步展开。

通过对民居的深度解析，在城市住宅中也大量出现相关作品，一类是复兴传统的独立式小住宅，北京观唐（2005年）、紫庐（2005年）、苏州平门府（2010年）；另一类是重新诠释传统的做法，如深圳万科第五园（2005年）、北京易郡（2005年）、上海九间堂（2005年）、杭州和庄（2010年）；还有高层住宅对于传统居住的探索，如深圳万科土楼公社（2008年）、杭州王澍钱江时代（2006年）等。这些均是从传统民居中获得营养并发挥创作的"中国式居住"、"新中式主义"、"现代·中式"，这些作品既有院落式别墅，也有高层住宅，掀起了民居再创作的热潮。

近年马清运和他的马达思班建筑事务所在西安蓝田玉山镇的玉山石柴（父亲住宅）和井宇，香港建筑师林君翰在渭南桥南镇石家村的四季住宅等，在建筑界引起较大反响。以颠覆传统的理念进行建筑创作，创新性地运用地方性材料与传统建筑特征，赋予民居以新的肌理与现代化设施，从建构的角度创新实验，游离在传统与现代之中，不失为一条探索关中民居更新的有益途径。

新农村建设也在多个方面推动了民居更新，各种形式的新农村住宅规划设计图集为数不少，成果颇丰。但深入分析不难发现，建筑方案是城市居住建筑的变体，在体系上并没有脱离城市别墅、独立式小住宅的框架。当前没有形成依托其特殊的生活方式、特有的风土条件，立足于关中新民居的研究氛围，没有创造出具有关中特色的当代民居建筑。

1.2.2 现代性、生态化与地域性

1. 现代性

"现代社会"、"现代性（modernity）"、"现代化（modernism）"等词语中的"现代"所指的并不仅仅是某一个时期，"现代性赋予了当下特定的品质，使之区别于过去，并指出通向未来的路"[9]。现代化[10]既是一个发展过程，也是一个发展目标，"现代化可以看作是经济领域的工业化，政治领域的民主化，社会领域的城市化，以及人们价值观念中的理性化的互动过程。"[11] "现代化是指人类社会从传统的农业社会向现代工业社会转变的历史过程……以科学与技术革命作为

推动力……进而引起社会组织与社会行为的深刻变革的历史发展进程。"[12]

建筑领域的现代化伴随着西方资本主义的萌生而出现,生产力提高,生产方式转变,催生了现代建筑的发展。1851年伦敦"水晶宫"、1889年巴黎埃菲尔铁塔都是标志性"现代建筑"。第一次世界大战之后,现代建筑蓬勃发展,包豪斯、"现代建筑国际协会"成为代表。20世纪初期,中国建筑的现代化,源于一批早期在西方留学的梁思成等前辈引进国外建筑规划设计和科学技术,开创"中国固有形式",探索中国建筑的现代化。鲁迅关于中国新文化说的这句话"外之既不后于世界之思潮,内之仍弗失固有之血脉","似可作为中国建筑的目标境界与中国现代建筑文化的总体精神"[13]。

在农业领域"采取农村工业化、农业产业化、农村城市化三者互动并举、逐步推进的农业现代化道路。"[14]对于农村民居而言,现代化意味着不断提升居住品质的过程和目标,是一个动态发展的过程;其目标也随时代而不断完善,演化出的现代化模式因地域、经济、文化等因素而不同;现代性表现为多元并举、融合创新、文化交织的发展趋势,既彰显个性,又有所因循。当前民居处于尴尬、苍白的"统一性"阶段,应从一切可能的文化和技术中吸取养分使之丰富。现代性立足于当下,具有革新性和创造性,同时具有处于发展变化中事物特有的相对、暂时的特征,承接传统,指向未来,对于新民居创作具有重要的指导作用。

2. 生态化

国外关于地域性生态建筑的研究起步于20世纪60年代,1963年奥戈亚(Victor Olgyay)著有《设计结合气候:建筑地方主义的生物气候研究》,前瞻性地提出了"生物气候地方主义"的设计理论。1969年美国风景建筑师麦克哈格(Ian L. Mcharg)的《设计结合自然》[15]探索生态建筑的途径与设计方法,确立了生态建筑理论。在建筑实践方面,先后有埃及的哈桑·法赛(Hassan Fathy),印度的多西(B. V. Doshi)、查尔斯·柯里亚(Charles Correa)、拉兹·里瓦尔(Raj Rewal),瑞典的拉尔夫·厄斯金(Ralph Erskine),马来西亚的杨经文(Ken Yuang)等人从本地资源、气候和生活方式出发,通过独特的形体和布局创作了具有鲜明地域特色的现代生态建筑。

国内从20世纪90年代开始陆续出现该领域研究著述,有代表性的是单德启教授的《生态及其与形态、情态的有机统一》(1992年),夏云教授的《节能、节地的建筑》(1992年),荆其敏教授的《生土建筑》(1995年),李晓峰教授的《以生态学观点探讨传统聚居特性及其传承与发展》(1995年)和《乡土建筑——跨学科研究理论与方法》(2005年),中国台湾成功大学林宪德教授《热湿气候的绿色建筑计划》、《建筑风土与节能设计》(1996年)和《绿色建筑——生态·节能·减废·健康》(2007年),汤国华教授的《岭南建筑湿热气候与传统建筑》(2005年)等著作论述。优秀的传统民居本身就是原生绿色建筑,蕴涵着适应气候、环境的朴素生态经验和智慧，然而在当前民居建设中节能意识薄弱，生态技术严重缺失。对生态化的关注不足已经成为当前民居创作的软肋，高能耗的建筑无法体现民居应有的自然亲切。生态化已成为新民居创作的切入点和创新点，是举足轻重的约束性条件。

3. 地域性

1924年芒福德（Lewis Mumford）提出地域主义理论（Regionalism），亚历山大·楚尼斯（Alexander Tzonis）和利亚纳·勒费夫尔（Liane Lefaivre）夫妇在1981年首先提出批判的地域主义（critical regionalism）[16]，弗兰姆普顿的《走向批判的地域主义》、《批判的地域主义面面观》[17]以及《现代建筑——一部批判的历史》[18]，正式将批判的地域主义作为一种明确的建筑概念。"是用来描述当代地域主义的理论和实践的，以便将其与传统的地域主义相区别……在全球化无孔不入的渗透下，建筑地方特性的挣扎和艰难地延续……在这种冲突中对地域主义进行反思，重释'地方性'在地理、社会、文化上的意义。"[19]

民居是地域性乡土建筑，百多年来"乡土建筑经历了从自发到自觉，再到自省三个阶段，实现了建筑地域性思考从传统向现代的过渡。"[20]工业革命之前，展示出的是建筑自发的、基本的、朴素的地域性；20世纪60年代后，现代建筑师们开始反思本土与其他地域之间的差异；也反思自己的历史与未来，在继承与发展中寻找平衡。批判的地域主义对此有清醒的认识，对传统与现代的双重反思与批判是其思想的核心。

我国传统地域建筑的研究开始是表面特征和符号的模仿和复原，直接从地方传统建筑中选择符号化元素，并使用在新建筑上，以此来创造一种形式，试图形成一种人们所熟悉的场景。然而这种做法并不会使地域建筑沿着健康的、有生命力的方向发展，地域特征的本源与文化内涵的发掘才是根本所在。批判的地域主义则具有永恒的生命力，因为它来源于特定地区的悠久文化和历史，植根于特有的地理、地形和气候，有赖于材料和营建方式，同时有所选择地、批判地、审时度势地继承与发展。

传统民居在城市建设中濒临灭绝，而合院的居住形式在关中农村仍然被普遍使用，农村成为传统院落得以延续的最后一片净土。我国农村的人口占总人口的45.23%，约6.2亿人，农村民用建筑面积230亿m^2，占全国总建筑面积的51%[21]，面对如此广大人群的居住问题，当前民居的研究应立足于农村。

当前，关中民居面临着普遍而又迫切的"现代化、生态化与地域性"问题，如何在改善居住条件、提高生活水平的同时，保持关中民居地域性特点，有机传承传统居住文化，同时注重节能、节地和生态化改进，成为我们面临的重要课题。

本章节的内容基于关中民居历史与文化演变，着眼于技术发展，描绘出从史前文明历经秦汉、唐宋、明清等朝代，在陕西关中这片土地上民居发展演变的历程。通过对传统关中民居的深入解析，发现建筑特征，总结生态经验，进而归纳值得传承的内在基因。陕西关中地区历史文化悠久，传统关中民居由礼教而中正，由黄土而厚重，形成质朴硬朗、紧凑端正、沉稳内敛的风格气质。关中人重耕读而求实务本、守土恋家，自然气候与水土、文化观念、厚重历史都成为关中民居的重要特征。

2.1 历史属性

2.1.1 关中释义

1. 概念关中

关中地区位于陕西省中部，行政区划包括西安、铜川、宝鸡、咸阳、渭南、杨凌五市一区，共54个县区。总面积5.55万km²，其中关中平原3.91万km²。"关中"的概念始于战国，"秦，西以陇关为限，东以函谷为界，二关之间，是谓关中之地。东西方千余里。南北近山者相去一二百里，远者三四百里。南山自华岳，西连秦岭终南、太白，至于陇东。北有高陵平原，南北数千里，东西二三百里，西接岐、梁、汧、雍之山。关中有泾、渭、灞、浐、沣、滈、涝、潏"[22]。潘岳《关中记》：东自函关，西至陇关，二关之间，谓之关中。东西千余里。《三辅旧事》云："西以散关为限，东以函谷为界。"徐广曰："东函谷，南武关，西散关，北萧关，秦地居四关之中，亦曰四塞（图2-1）。"东函谷关分别在河南灵宝（秦）、新安（西汉）和潼关（东汉），南武关是指唐京都长安南部雄关，西散关（即大散关）则指川陕交界楚汉相争时韩信"明修栈道，暗度陈仓"的地方，北萧关指宁夏固原县

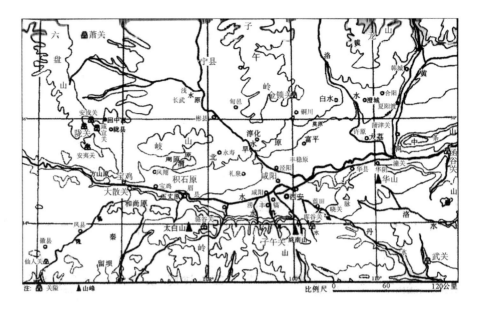

图 2-1 关中山川关隘图

东南大略方位。"西以陇关为限"则指的是关陇交界之处，是指关中与甘肃东部一带。渭河又称秦川，在陕东西长约360km，故称"八百里秦川"。

2. 地理关中

关中盆地、关中平原西起宝鸡、陇县，东至韩城——潼关黄河西岸，北以北山为界，南以秦岭北坡为界。中部是渭河冲积洪积平原，北部为渭北黄土台塬，南部是秦岭北麓黄土台塬和骊山低山丘陵。关中平原地势平坦，土质肥沃，自然灾害较少，灌溉条件良好，属农业发达地区，被称为"天府之富饶"、"陆海之枢纽"。[①]基本地貌类型是河流阶地和黄土台塬（图2-2）。渭河横贯盆地入黄河，地势呈不对称性阶梯状增高，由一二级河流冲积阶地过渡到高出渭河200～500m的一、二级黄土台塬。渭河北岸二级阶地与陕北高原之间，分布着东西延伸的渭北黄土台塬，塬面广阔，海拔一般在460～800m。800m等高线即渭北北山（老龙山、嵯峨山、药王山、尧山等）山脚，也是关中与陕北的分界线；而关中陕南以

图 2-2 陕西关中地形图

秦岭为界。渭河南侧的黄土台塬断续分布，高出渭河约250～400m，呈阶梯状或倾斜的盾状，由秦岭北麓向渭河平原缓倾，如岐山的五丈原，西安以南的神禾原、少陵原、白鹿原，渭南的阳郭原，华县的高塘原，华阴的孟原等[②]。

---

① 引自百度百科。
② 文中数据引自百度百科。

3. 历史关中

中华文明的摇篮在黄河流域，而黄河文明的摇篮在关中地区。关中是华夏古文明最重要、最集中的发源地之一。这里有数十万年前的蓝田人和大荔人文化，有仰韶时期的典型代表半坡文化。出自关中的炎帝和黄帝是公认的"人文初祖"。关中平原四周为山塬河川所环抱，犹如一座天然城堡。其北面有北山山系，南面有秦岭山脉，西南有高大的陇山，东有黄河天堑。向外，南得"巴蜀之饶"，北有"胡苑之利"，游离于北方游牧与中原农耕之间。关中百万余口，"戎狄居半"，在几次民族大迁移和融合中，西北少数民族进入关中，由游牧转向农业定居，胡汉文化相互影响渗透。

关中自古帝王都，乃古代兵家必争之地。自西周以来，先后有13个王朝在此建都，逐步发展成中国古代黄河文化的中心，写就周、秦、汉、隋、唐等这些辉煌的历史篇章。秦以后，除了东汉迁都洛阳外，从东汉末年国家分裂到隋唐王朝统一全国，关中长安先后作为王朝的国都。隋唐时代不仅认识到关中地区作为政治经济文化中心的意义，而且更进一步认识到建都长安对解除北方游牧民族的侵扰、维护国家统一的意义。关中是连接西域丝绸之路的起点，对外交流的作用巨大。关中农业发达，加之兴修水利，使其具有承担都城职能的物质基础。唐中叶后，对外交通和贸易也逐渐由以西域为重点的陆路而转向海路。由于常年的过度开垦、水利衰落，学术文化式微和经济贸易类型的转变等因素，宋朝之后全国经济中心南移，自此长安作为经济文化中心的地位随之衰落。

4. 大关中

近年来，在城市群和经济地理等方面的探讨中，大关中（图2-3）的概念逐步明晰。地缘、亲缘、文缘相近的晋陕豫已经形成黄河金三角区域。国家批准关

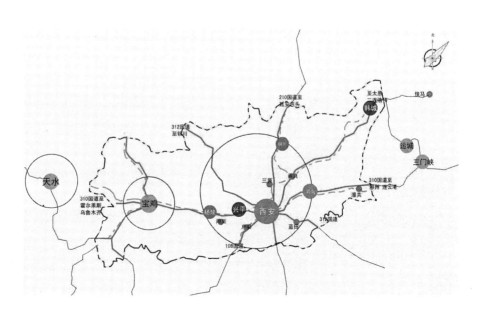

图2-3　大关中

中—天水经济区，涵盖陕西省西安、铜川、宝鸡、咸阳、渭南、杨凌、商洛部分县和甘肃省天水所辖行政区域。由此可见本区域的经济文化交往密切，广义上将山西运城、河南三门峡及甘肃天水地区等纳入大关中的范畴。从历史上来看，秦汉时期陕西省的行政区划尚未形成，西界的陇关在关陇一带，而东界的函谷关更是在河南灵宝（秦）和新安（西汉）。关陇地区，一般就是指渭河流域这一地理区域，陇是甘肃东部天水、平凉和庆阳，是与陕西关中秦文化拥有共同文化和习俗的区域。甘肃东部、山西西南部和河南西部在经贸往来上更倾向于与西安紧密联系，往来频繁，从语言、饮食到民居建筑的方方面面都与关中十分相似，属于同一文化区内同一语系和民系。尤其是晋、陕两省以黄河为纽带，在经济、文化到民居互为影响，加之自然气候略同，院落肌理和建筑体系有较多共同点。山西运城话和临汾话属于关中语系，隶属北方官话。陆元鼎在《中国民居建筑》中也有相应民居划分：晋陕地区属于北方民系，晋陕官话地区，其合院住宅称为窄院民居[23]。在这一较为宏观的角度审视关中，可以更为清晰地发现关中民居的形成规律和历史渊源。

2.1.2 历史演进

1. 史前时代——木骨泥墙、半穴居

临潼姜寨遗址、西安半坡遗址[24]距今约6000年，均属于新石器、母系氏族公社时期，是陕西仰韶文化的代表。原始村落以村为单位生活，财产共有，没有明确空间功能划分的、方形或圆形单一空间的狭小半穴居，是这一时期居住的基本形式。半坡的长方形房屋（图2-4），应为两坡顶，屋中央立柱，柱顶利用树木的天然枝杈以承接檩条；四周木椽上端搭在檩条上，下端搭在墙壁柱上，墙壁柱以若干大柱为骨干，辅以小柱构成。这是木构架房屋的雏形。

姜寨村落（图2-5）房屋环绕中央广场，以大房子为中心，表现出明确的组织性、向心性和内聚性。并在居住区周围挖有用于防御的壕沟，"壕沟东面和东南面各有一个缺口，应是村落的两个寨门"[25]。近年发现的杨官寨遗址，同样具有巨大、完整的环壕，其周长达1945m，壕内面积（含壕沟）245790m^2。这些遗址揭示出关中居住文化中蕴含深刻的防御意识，并成为后世沿袭的重要居住特征。

在建筑技术上，姜寨、半坡房屋墙壁和居住面涂抹草泥，并用篝火烘烤，使得面层坚硬、防潮；在灶台建造中出现原始夯筑技术，将细泥土层用带有尖圆形捶击面的石头夯打起来，成为与生土有关的建筑技术萌芽。

此后，在西安长安区客省庄发现的父系氏族公社遗址[26]，是龙山文化的代表。家庭为单位的生产方式，促成私有制的出现，住宅进一步发展。房屋为浅穴居式，由内外两室组成，中间有一条通道，平面呈"吕"字形。内室为方或圆

图2-4　西安半坡半穴居复原图

图2-5 西安临潼姜寨村
落遗址复原图

形，外室均为方形。空间由单室向双室组合发展，开始出现功能分区和空间划分，"前堂后室"的形制初现端倪。

2. 前秦（夏商周）——土阶茅茨、前堂后室

夏商周时期民居在形式上由穴居到土阶茅茨，在文化上确立了"礼仪"这一影响后世的重要因素。河南偃师商朝宫殿遗址，回廊围合院落，首次出现廊院式院落。从史前居住的延续性判断，民居形式应仍为穴居或半穴居，由袋状穴进化为直穴。周代"在居室方面，考究的房屋，有数进庭院，有蹑阶而登的厅堂。中堂两侧，有厢房、耳房……以木结构为框架，用夯土为墙壁……一般百姓，在周代已不再居住于半地下的穴居，而是有夯土的地面房屋。穷困人家，蓬门荜户，四堵土墙，用破了底的瓦瓮，填在土壁上，作为透光的窗户；而高厅大屋，则上有瓦当承漏，下有散水铺地。"[27]《诗经》中有描绘："古公亶父，陶复陶居，未有家室。"周朝豳州（今陕西旬邑一代）一般民众普遍居住的仍是穴居和半穴居，土阶茅茨。"《周礼·诗·书》等记载及实物的发掘……已有标准化的居住制度，即最初是圆形平面，及双圆相套的平面，以后有方形、长方形平面；亚字形平面；田字形平面和'一堂二内'式的平面等多种。圆形至亚字形平面有的是属于'陶覆'式，即半穴居上有屋顶之类的东西作为覆盖物。"[28]

陕西岐山凤雏村遗址（图2-6）揭示了四合院式建筑久远的历史渊源，是公认最早的四合院。岐山凤雏村是西周早期礼制建筑群遗址，布局井然有序，门前立屏，整个基址以堂为主体，前有门塾，中有庭，后有室，左右有厢庑，各自独立，以回廊和穿廊相连接，围成规整的两进院落。"前堂后室"是中国古代宫室的基本形制，堂室分离。堂前有三个阶梯，堂可分为三个独立空间，与现在关中民居中的"一明两暗"颇有渊源。堂东西两侧是厢，至今仍被称为厢房。

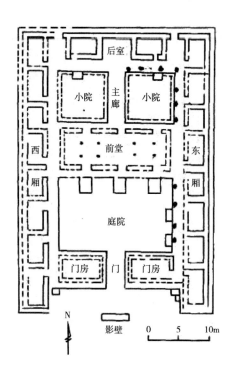

图 2-6 陕西岐山凤雏村遗址平面图

西周盛行井田制,《谷梁传·宣公十五年》:"古者三百步为里,名曰井田。井田者,九百亩,公田居一。"范宁注:"出除公田八十亩,馀八百二十亩,故井田之法,八家共一井,八百亩。馀二十亩,家各二亩半,为庐舍。"[29]从中可以看出先秦时期的土地制度,划分出公田与私田,户均占地2.5亩,显示出那个时期八家共居的组织结构与较为宽松的用地条件。

在建筑技术方面商代已经出现版筑墙体;茅草盖顶、夯土筑基。商代出现的象形甲骨文成为后世研究建筑形态的佐证。西周时期,墙体有夯土墙、土坯墙和木骨泥墙,柱础用块石、河卵石分层铺筑和夯土筑成,已经形成规整的柱网,堂使用是古老的"纵架结构",室和厢是木骨泥墙和山墙承重的硬山搁檩。西周出现泥条盘筑的板瓦,是迄今最早发现的瓦。夯土、木构架和瓦是西周建筑技术进步的标志。

3. 秦汉——秦砖汉瓦、一堂二内

"春秋时期,四合院建筑逐渐趋于规范化和定型化,《仪礼》一书记载了当时士大夫住宅制度:住宅的大门为三间,中央明间为门,左右次间为'塾';门内为庭院,上方为'堂',为生活起居、会见宾客、举行仪式的地方;堂的左右为'厢',堂后为'室'。《现代汉语大辞典》中,将由门、塾、堂、厢和室组成的中国传统居住建筑的原型定义为'寝'。"[30]

秦朝和汉代彼此承接,形成共同风格,秦汉建筑主要是砖瓦木结构,"秦砖汉瓦"是对秦汉时期房屋建筑的总体概括。瓦当不但是实用的建筑材料,而且成为重要的装饰艺术品,改变以往建筑"茅茨不剪"的简陋面貌。从出土的汉代明器来看,已出现四合院的居住形式。秦汉房屋模式首先取决于其家庭构成形态。商鞅变法以后,家庭形态发生的最大变化就是由男女混杂同居的大家庭,变为一夫一妻制的小家庭,人口规模较小。在这种典型家庭形态影响下,在建筑空间上表现出来的是"一宇二内"[31]、"一堂二内"[32](图2-7)的居住格局,是《尔雅》论述的居住制度。前面居中大间称"宇",或"堂",可供祭祖、待宾客、起居之用;后侧两小间称"内",是卧室。

屋门一般开在房子的前面居中,大多数采用木构架与悬山顶或囤顶,少数采

图 2-7 西汉一堂二内示意图

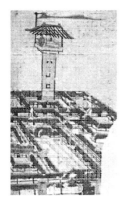

图2-8 汉墓壁画

用承重墙结构。在两侧的围墙加建庑廊，在堂东西增建厢房，于是便逐渐演变成了一座四合院[33]。有的还在主体建筑旁或前后另外建造一些简易的配套设施，包括仓廪、猪圈、水井等，凡此布置，反映农家资源循环的生产形态。包括曲尺形、三合形、日字形等多种结构，平面呈方形或长方形。"门堂分立"，开启了后世院落式建筑组合的先河。

由于汉代土地大规模兼并，地主经济、豪强富户涌现，贫富分化严重。这一时期，豪宅建筑结构继承商周以来的宫廷式传统，呈现中轴对称、横向展开的格局，形成主体建筑居中，外围墙环绕的"廊院式"民居建筑模式（图2-8）。即以纵轴配置多重庭院的形式，并在纵轴的两侧增加附属性建筑，以墙垣围成一个封闭的院落，或几进院落。没有明显的中轴线，平面布局灵活而多变，区别于后世的中轴对称布局；豪强富户的廊院式民居与平民百姓较为简易的"一堂二内"，甚至是更小的两开间或单间小屋形成鲜明对照。高大的门楼、望楼和多层阁楼也与后期不同。木构楼阁的出现可谓是中国木结构建筑体系成熟的标志之一。

4. 隋唐——廊院式与合院式

隋唐时长安为国都，人文荟萃，从丰富的唐诗中可窥唐时关中民居的轮廓。大诗人白居易的《伤宅》描绘了富贵人家的豪华宅院："谁家起甲第，朱门大道边？丰屋中栉比，高墙外回环。叠叠六七堂，栋宇相连延。一堂费百万，郁郁起青烟。洞房温且清，寒暑不能干。高堂虚且迥，坐卧见南山。绕廊紫藤架，夹砌红药栏。攀枝摘樱桃，带花移牡丹。""大宅第主要布置，除园林外，即是前为大门或有中门，内有中堂、北堂、东西厢房，或累累六七堂，有廊回绕通连各房。"[34]朱红色的大门，六、七进的大宅院，房屋高大堂皇、鳞次栉比，周围是高高的围墙，价格不菲。房内冬暖夏凉，院内种植紫藤、芍药、牡丹和樱桃等花卉，远望是悠悠南山。在揭示安禄山在长安的宅院时这样描述："堂皇院宇，窈窕周匝，帷帐帷幕，充轫其中。"[35]以柔软织物装饰出华贵感和层叠性，用帷幔等软织物营造富丽、深远、神秘的室内空间。隋唐五代时期的住宅，多从敦煌壁画和其他绘画中得到印证。贵胄宫室之家大门采用乌头门形式，宅内两座主要房屋之间有直棂窗的回廊，连接而成廊院式住宅。室内舒适宜人，空间追求高大、开阔，宅院多进院落层层叠叠，建筑组合错落有致，小环境花卉簇拥、大环境山环水抱。

这一时期营缮制度业已严格，唐《营缮令》明确从士大夫到平民的房屋标准，"庶人所造堂舍，不得过三间四架，门屋一间两架，仍不得辄施装饰。"[36]堂和门是门面、礼仪所在，故重点约束，即"门堂之制"。雕梁画栋并不是平民百姓能够享受的待遇，延及后世形成朴素的民居装修风格。一般宅院如"展子虔《游春图》及王维《辋川图》（图2-9）等所载宅制即是一个比较简单的一颗印式四合院或三合院。白居易庐山草堂三间两柱、二室四牖则与后世的一列式乡

图 2-9　辋川别业图局部

村住宅又无大两样。"[37]《辋川图》还展现出兼具诗情画意、廊院环绕、融于自然的文人乡间别墅。在唐代因明令禁止盖楼以防窥视他人，故汉代木构楼阁不复出现。从隋代到晚唐，廊院式与合院式民居交叉过渡。唐后期回廊逐渐向廊庑转化，形成两侧带廊庑的院落（廊庑是在主体建筑四周贴近设置的廊、檐廊）。西安中堡村盛唐墓中出土陶制明器住宅，揭示从盛唐起出现"四合舍"，即合院式民居已经开始推行。

唐长安城的居住制度——里坊制。里坊由里（邑）发展而来的，先秦称为"里"、"闾"或"闾里"。在奴隶社会，为了便于组织和监督生产，结合井田制，按农业生产的制度组织居住，由此形成的里既是一个基本的农业生产单位，也是一个基本的生活居住单元。从北魏开始，出现了"坊"的称呼，隋朝开始正式改称"坊"，及至唐代"里"和"坊"的称呼是可互用的，并称"里坊"。长安城内小坊约一里见方（约25hm²），大坊则成倍于小坊可达50余hm²。坊内有宽约15m的主干道十字街或东西横街，民居就是在这样的大骨架道路网格下较为自由地滋生，占地多寡不均，由宽约2m的坊曲或十字巷与十字街联系。坊的四周均由夯土版筑高大的围墙环绕，其墙基厚度一般为2.3～3m不等。坊墙四面设有坊门，日夜开阖有严格看守。白居易诗云"百千家似围棋局，十二街如种菜畦"，总体上东西对称、方正整齐。而坊内道路密度低，住宅肌理较为自由随意，"唐长安是一种粗放的大网格街道与自由生长的有机住区相叠加的形态；其封闭式的树形结构反映出封建统治阶级对平民实行严格监管的历史传统。"[38]

5. 宋元——四合院

为增加居住面积，多以廊屋代替廊，宋代合院民居已经普及。"建筑画（界画）在宋代最发达也最写实，与《营造法式》多符合。"[39]宋画《文姬归汉图》《清明上河图》（图2-10）成为研究当时民居的佐证。尤其是在北宋名画《清明上河图》上显示出百姓民居是简陋的多进式四合院，使用"加工简单的木构件：

柱、梁、枋、析条等。小型住宅多使用长方形平面，梁架、栏杆、栅格、悬鱼、惹草等具有朴素而灵活的形体。屋顶多用悬山或歇山顶，除草葺与瓦葺外，山面的两厦和正面的庇檐（或称引檐）则多用竹篷或在屋顶上加建天窗。而转角屋顶往往将两面正脊延长，构成十字相交的两个气窗……贵族宅第外部有'乌头门'或'门屋'，门屋的中间一间，多用'断砌造'，以便车马出入。院落四周，为了增加居住面积，多以廊屋代廊，因而四合院的功能与形象发生了变化……农村住宅，多是两间或三间一组，形式比较简单，有些是墙身很矮的茅屋，有的以茅屋和瓦屋相结合，构成一组房屋，与外部环境具有很大的融合性。"[40]宋王希孟《千里江山图》（图2-11）表现出多种随山就势的山野民居，布局灵活，大多呈单幢或多幢组合式，夯土墙和栅墙围护，较少使用廊屋；屋面多为悬山或悬山加引檐，屋面用瓦或茅草；大门为单间门屋或两柱式墙门。城市与农村居住建筑形态差别大，不仅表现在木构形式与空间布局上，而且表现在经济和文化层面，其实力决定了民居的材料形式与建筑空间。

宋代民居"在平面布局上按围合程度可以分为四合院（前后院）、两厢三合式、工字形、王字形、曲尺形、丁字形平面和一字形双间制等形式……合院住宅逐渐兴盛、成熟。"[41]两宋是民居进步和成熟的时期，民居形式多样、组合自由，合院民居成为主流。院落布置上还出现将入口布置在东南角的巽门布局。

宋《营造法式》颁布、注重礼教，城市废除里坊制的宵禁制度，拆除坊墙，住宅可沿街开设入口；鼓励家族制度，世代同居形成较大规模的合院民居。《宋史舆服志》规定：凡民庶家，不得施重栱藻井，及五色文采为饰，仍不得四铺飞檐，庶人舍屋许五架，门一间两厦而已。宋朝礼教严格，礼制制度化，一套长幼有序、男女有别、主仆分处等规定在大型民居中显现，大型四合院的平面布局及使用要求基本定型，并延续至明清。

元代由于统治者的军事化管理和游牧民族特性，建筑领域发展不大，虽受游牧建筑和西域建筑风格影响，民居仍为四合院建筑型制。在住区结构方面，胡同制在北方平原地区通用，南北和东西大街将街区划成方格，方格内是东西向的胡同，民居前后门均开向胡同。改变唐里坊对居住区的划分方式，对外交通有所加

图2-10 《清明上河图》局部

图2-11 《千里江山图》局部

强，同时提高居住用地的利用率。这一时期的建筑遗存较少，现存于世的仅有山西高平中庄村的民居，古朴、雄浑是其典型特征。

6．明清——成熟时期

明清是民居大发展的时期，也是关中民居成熟、定型的时期。明朝民居遗存很少，最为完整的是晋南襄汾丁村民居，其形制是由正房、厢房、倒座组合成的四合院，尺度较为宽大。"一般的明代住宅多为四合院，每面各三间。不过对前左右三面房屋常在中间砌墙使成为一间半式房室两间……"[42]（图2-12）。清至民国时期现存于世的传统民居较多也较完整，如陕西党家村、灵泉村等。明清全国的人口较前显著增加，居住需求加大，形成民居的发展高潮，城乡民居差距不大。这一时期的民居具有用地紧凑、层数加高、进深加大、拼联建造、注重装饰等特征。在建筑材料和技术方面，由于木材原料的日益紧张，开始寻求当时的新材料和新技术。土窑在明清大幅发展，以砖、石为材料砌筑的民居也得以普及。此外，工艺美术和手工艺品的繁荣，使得砖石木三雕艺术在民居中大放异彩。此时的关中不及秦汉、隋唐的经济繁荣和文化昌盛，不比北京四合院的豪华精致，但民居紧凑实用，自成体系、特征鲜明。

通过上述各历史时期的渐次发展，随着社会生产力与技术水平的变化，纵览关中民居的历史演变，从半穴居到窄四合院，空间由单一到组合，屋顶材料由茅草到砖瓦（表2-1）……但由于与黄土的密切关系，民居的乡土特征，劳苦大众的生活拮据，土的应用从未停顿，千百年来不离不弃。随着封建等级制度的逐步严格，对民居的制约与发展同步，使其布局严谨、规整对称；又因手工建构方式决定了其多姿多彩、不拘一格。

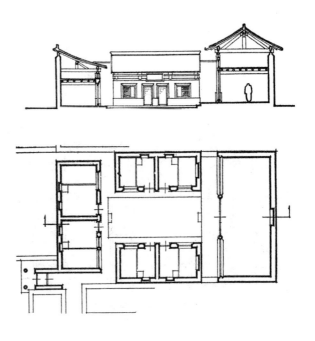

图 2-12　山西襄汾连村柴宅

传统关中民居历史演变分析表

表 2-1

历史时期	类型	空间配置							创新	生活方式	材料			特色
		院落	厅堂	居室	厨	卫	储藏	组合			屋顶	墙体	承重	
史前时代	穴居半穴居	无	功能混合					吕字形	防御意识、原始夯筑、空间划分	母系氏族向父系氏族演进，生产力低下	茅草	木骨泥墙	木柱	半穴居，草泥、木骨泥墙
夏商周	土阶茅茨	出现院落	前堂	后室	杂物功能尚不明确		出现合院		瓦、夯土墙、木构架、庶人祭于寝	男女混杂大家庭、礼仪制度化	茅草、瓦	夯土	木构架	土阶茅茨、堂室分离
秦汉时期	一堂二内	廊院	前堂	后室	配置简易		自由组合		门堂分立、纵轴配置多重院落	一夫一妻小家庭，农耕生产	瓦	砖、土木	木构架	秦砖汉瓦、一堂二内、布局灵活
隋唐时期	廊院式与合院式	廊院、合院	居中	有	有	有	有	合院	四合舍、重装饰	贫富、等级差异大、里坊制	瓦	砖、土木	木构架	门堂之制、三间四架
宋元时期	四合院	有	居中	有	有		有	合院	四合院普及、出现商业街	重礼教、废里坊	瓦	砖、土木	木构架	四合院基本定型，形式多样
明清时期	窄四合院	窄院	居中	东西厢	东西厢	旱厕	阁楼门房	规整对称	砖石木雕、土窑	人口增加、经济繁荣、农业生产	瓦	砖、土木	木构架	成熟期、紧凑、层数加高、进深加大

2.2 地域特征

2.2.1 空间要素

关中民居一般由正房（上房）与两厢（厦）及其门房、入口等辅助建筑共同围合成院（图2-13）。

1. 院

以内院为中心的生活空间，以街巷（槐院）为重点的交往空间。梁思成认为，中国传统建筑围绕庭院布局，庭院是"室外起居室"。厅房（正房）、门房、厦房皆向内庭院开门窗，檐口、歇阳（檐廊）、透花窗格、美化庭院空间，强化室内外的空间渗透，扩大庭院视觉效果，使工字形内院成为整个宅院生活的中心（图2-14）。开窗较南方民居小，空间外向性较强。庭院内很少种植桑槐，有的在院中点缀花木（通常有蜡梅、玉兰、石榴和夹竹桃），党家村民居中的富户也只是"墁砖大院"，完全是人工化的空间[43]（图2-15）。前庭尺度窄小是进入内院的过渡，而后院起辅助、储藏等杂务功能，均不是主要庭院空间。

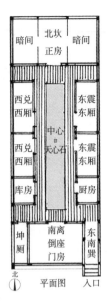

图 2-13 关中民居平面
示意图

图 2-14 灵泉村民居内院

图 2-15 党家村民居内院

图 2-16 一明两暗

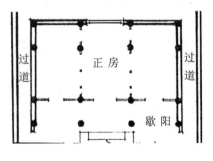

图 2-17 三协二

2. 房

"堂者，当也。谓当正向阳之屋……堂，犹堂堂，高显貌也。"[44]当正朝阳，南向、高敞、宽大，是正房堂屋的建筑型制。相对于内室，堂带有外向特征，有迎宾会客的前院正堂和祭祖敬神的后院祖堂。周代庙制规定庶民不许立庙祭祖，"庶人祭于寝"，老百姓只可以在堂屋祭祀，这一传统被保留了下来。堂是渗透在民居中的礼制性建筑，《礼记》中冠、婚、表、祭、乡、相见"六礼"的活动场所，是民居建筑空间布局的核心，但并不是实际居住的空间。堂与房共同构成正房（上房），形式上有"一明两暗"，即上房居中是厅堂，两侧套间居住长辈（图2-16）；或者是"三间两过道"，俗称"三协二"（图2-17）。在整个院落中由于正房外观较为宏伟、高大，其地坪也抬高3~5踏，突出了堂的重要性和中心性，所以即使家里并不宽裕的住户也往往采用，此形式在韩城党家村较为普遍。

3. 厦

厦房（厦子）是相对于南向正房（或窑洞）的东西向木构架房屋，即厢房。厦房的单坡屋顶也称一坡流水、半坡屋顶，其数量根据家庭人口的多寡设置，间不等，左昭右穆，左上右下、东尊西卑，对称而开（图2-13，图2-20）。进深小，一间一室，或三间两室称为"三破二"、"间半房"（图2-12）。主要功能有：饭厦、柴厦、门厦（也指门房、倒座）等，是关中传统民居的主要生活空间。室室独立，互不相通，可安排就寝、就餐、厨房和一般性待客，也可安排家庭内兄弟、姊妹的分寝、分户。根据用地宽窄和家庭规模的不同，单边设置厦房的院落也较普遍，形成三合院或两合院。

2.2.2 空间组织

1. 平面布局

关中民居平面布局总体上严谨、规整；对称、纵轴贯通；庭院狭窄，空间紧凑；简洁明了、经济适用；内外有别、分区明确（图2-18，图2-19，图2-20）。

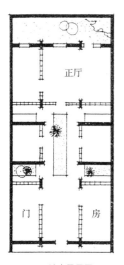

图2-18 关中民居平面图

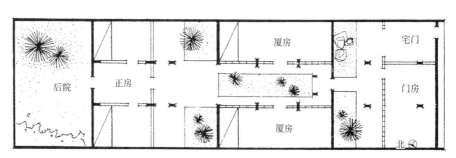

图2-19 西安民居平面图

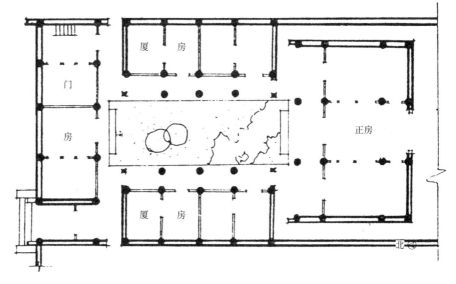

图2-20 三原民居平面图

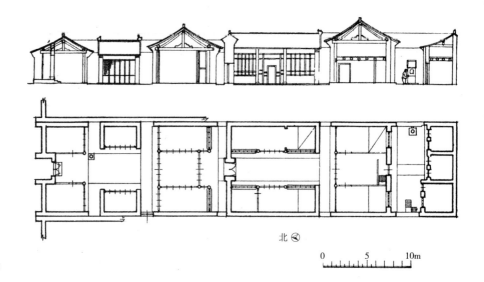

图 2-21 西安北院门韦宅

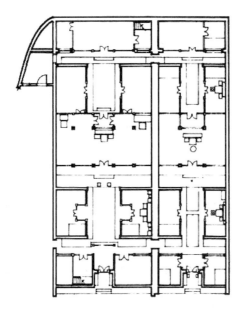

图 2-22 旬邑唐家大院平面图

可分为四种平面模式：独院式、纵向多进式（图2-21）、横向联院式和纵横交错的大型宅院式[45]（图2-22）。一进院落的独院式最为常见，是一般百姓的住所，稍大的院落分别向纵横两个方向发展，演化出多进或多院的形式。根据单一院落的构成方式可分为四合院、三合院（没有倒座）和两合院（仅有正房和单边厢房）。考究的富户大院多为多进式四合院，一般农家多为独院式三合院或两合院（图2-23），平面布局灵活自由、简洁实用，房屋类型少。

无论哪一种平面模式均具有下述空间布局特点：

（1）强限定性。由于窄院的尺度限制，四面建筑均坡向院内，规整的边界带来较强的空间感与内聚性。每户基本一致的用地尺寸，既是空间强限定性的体现，又是村落秩序整体性、统一性的保证。

（2）安全防卫性。因关中紧邻西北游牧区，又因其本身地势平坦，较为富庶，故匪患颇多。临街建筑与墙体除出入口外极少开窗，仅南向倒座会开小高窗或通风口，所以院落均以封闭墙体的形式包裹起来。单坡屋顶的厢房屋脊高耸，墙体也比双坡屋顶的檐墙高大。这样既封闭又高大的院墙体系具有安全防卫的功

农村新民居模式研究——以陕西关中民居为例

图 2-23 彬县两合院民居

图 2-24 党家村泌阳堡
街巷

能，在关中人的实体空间与心灵世界中均构筑起安全护卫与精神庇佑的堡垒。

（3）外向性。院落内表面与外立面均为实体墙面为主的硬质界面，"墁砖大院"（图2-14，图2-15）和街巷空间（图2-24）只是绝对尺寸有所不同，相对比例、材质与肌理接近。南立面虽多为木质花格门窗，但其他几个立面较南方民居更为封闭。高大墙体顶天立地，无论院落内外都呈现出外部空间特质，由上房、门房和两侧厦房组成的"双面院子"，并且花木栽植较少，是区别于建筑内部空间的外向性、人工化的硬质空间。

2. 空间尺度

受窄长院落局限，厦房室内空间狭小，而厅堂高大。每户用地面宽约8～10m，南北长达20～30m左右。南北窄长的内院其高宽比一般为0.9左右，是较为舒适的空间尺度；长宽比为3.38[46]，甚至可达4以上，空间纵深感强（图2-25）。正房开间多为3.2m，即民间木工尺1丈，折合市尺9.5尺约3.2m[47]，从《中国传统建筑木作工具》一书可验证西安地区木工尺折合32cm[48]。居中一间也有扩大开间的做法可达5m左右。进深一般6～8m。厦房的开间和进深随地形变化而不同，其开间、进深一般为3m，因单坡屋顶、半个屋架，往往火炕就占据大半间房，进深小、空间局促。一般单层建筑檐口高度3～4m，有阁楼的檐口高度在4～5m，且门房檐口高度低于正房。屋脊高度可达5～6m，屋架高度不超过五架故在2m左右。建筑空间的尺度是由其材料的规格来确定的，木材的长度、开间的跨度有限，则建筑高度也在此限制之内。

3. 空间组合关系

基本空间组合单元：间。"在中国建筑中，由四根木头圆柱围成的空间称为'间'，'间'是中国古代木架结构和建筑空间的一个最基本单位。"[49]潘谷西《中国建筑史》中间的定义："相邻两榀屋架之间的空间"，又指"凡在四柱之中的面积"。三间五架确定民居规格，无论建筑规模与装饰的千差万别，间是其中不变的构成元素。四面围合的院落，由数间组合而成，间构成房与厦，进而围合成院

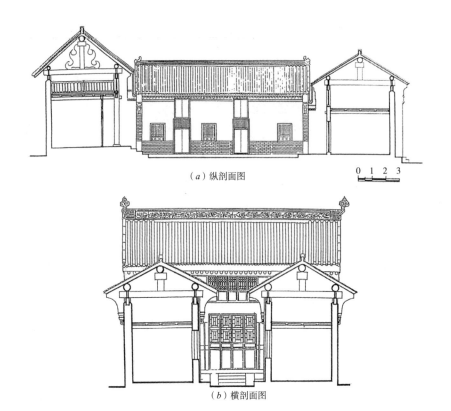

（a）纵剖面图

0 1 2 3

图 2-25　党家村民居剖
面图

（b）横剖面图

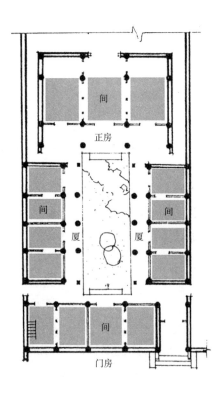

图 2-26　基本空间组合
单元：间

（图2-26）。《辞海》中的解释是：在一定的时间或空间内；房间。《辞源》：间是量词，中间，表示所处或时间。间是营造行为对于空间数量的计量单位，是院落规模与豪华程度的体现，是家庭成员多少与关系的衡量。然而间与间虽然有左昭右穆、上下左右的分别，但空间本质却是统一的（图2-27）。

　　房与厦的叠合关系（图2-28）。关中窄院比北京四合院、山西民居用地更为狭窄，北京四合院正房东西两侧多设罩房，成为与厢房连接叠合的部分，山西民居已经出现正房与厢房部分重叠，但没有关中民居叠合得更为充分。关中民居正房的两暗间基本都已与厦房山墙完全重合并置，在正房设有廊檐的情况

36

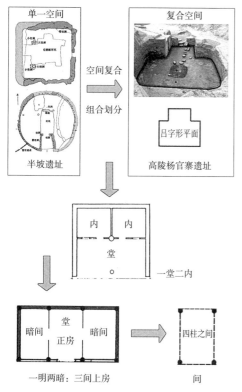

图 2-27 间的形成

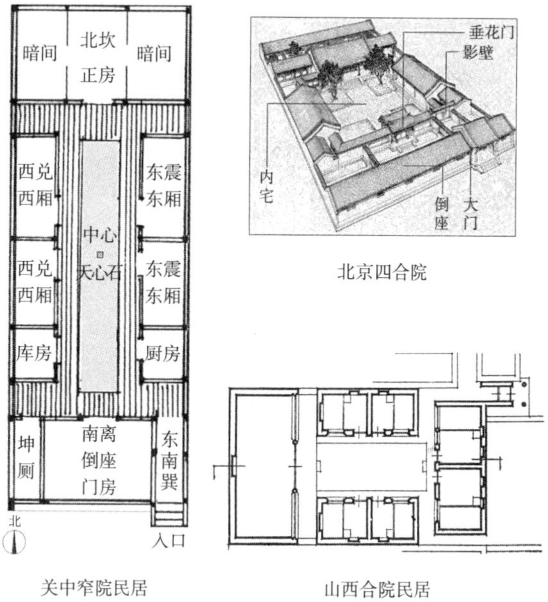

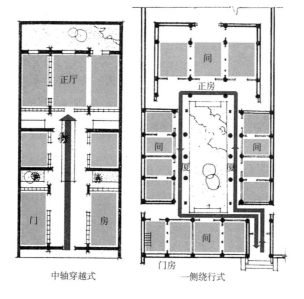

图 2-28 关中民居与北京山西民居

下形成一线天的景观效果，院落被围合成"亚"字形。

院落内空间交通联系可以分为"中轴穿越式和一侧绕行式"[50]（图2-29），其中以中轴穿越为主要方式，通过院落组织，尤其是檐、廊等形成非专用的交通空间，联系正房与多间厦房，形成并联关系。不同功能空间通过院落或过道连接，表现出了传统民居院落空间的紧凑，联系的简洁与直接。

图 2-29 院落交通组织

中轴穿越式

一侧绕行式

空间调节手段：抱厦与歇阳。在厦房数目较多的院落中，在用地容纳不下腰房、厅堂的情况下，为避免院子"腰软"，便在中间加设亭子或墙门、月拱门等

图 2-30 党家村民居抱厦

图 2-31 雷家洼村民居
歇阳

图 2-32 泌阳堡下眺党
家村

图 2-33 党家村民居与街
道的组合关系

形式的抱亭、抱厦（图2-30），将院落划分出内外两进，调节空间尺度、丰富空间层次。内院四周的房屋设檐廊称之为"歇阳"、"歇檐"（图2-31），形成回廊，方便交通，遮阳挡雨，打破了狭长空间，起到活跃居住氛围的作用，成为建筑与庭院的过渡灰空间。

4. 宅院的组合

（1）成组成团的聚居特性（图2-32）。关中村落较少山地、沟壑地区的独居散户，传统村落人口聚集，户户毗连，密密匝匝，居住密度较大。

（2）以街道为骨架的紧密排布（图2-33）。街巷宽度疏密有致，宽窄变化。街道走向自由呈树枝状，随自然地形起伏曲折。宅院如同树叶分布在街道两侧，夹道布置、比户而居。

2.2.3 外部形态

从外观造型上看，关中民居的最大特点是单坡屋顶，院墙高大、封闭、厚重。基本形式以短外墙临街、倒座临街和两厢山墙临街为主，建筑造型程式化。而农村宅院外观形式不拘一格，形式不一、各具特色[51]（图2-34）。黄土、青砖、青瓦让院落甚至整个村落外观齐整，浑然一体。虽然外观以实体墙面为主，但大门内凹，虚实阴影对比强烈，且装饰各有不同，房屋组合高低错落，简练而韵味十足，统一中富有变化。砖灰色与土黄色的材料决定建筑的主色彩，门窗框等木质构件漆以黑色。关中尚黑（秦的影响），传统家具也多为黑色，近现代则为暗红色。

旬邑唐家大院

合阳灵泉村民居

两厢临街

单坡倒座临街

图 2-34 关中民居外观

图 2-35 党家村民居入口装饰

关中民居局部构件重点装饰，同时解决构造问题。务实的生活态度使得建筑总体上简朴实用，划分墙面的腰檐，浓墨重彩的门头、墀头，重点部位均细心装饰，显得张弛有度、华素相宜。墀头是重要的装饰构件，运用精美砖雕勾勒建筑的边缘，起到强调收头、美化装饰的作用。土坯墙或草泥抹灰，或青砖包裹，小青瓦构成的腰檐具有防雨排水的功能。装饰构件不仅美化空间，还起到保护主体结构与材料、界面交接与转换等多种用途，柱础石、腰檐、门窗木花格都是兼具美观与实用的代表。

注重入口处的装饰（图2-35），门头木雕富丽堂皇，门楣题字偏重读书和耕种，教化后人，抒发人生理想，具有浓厚的文化氛围。韩城一带门楼门匾用木或砖雕刻题字，诸如耕读传家、勤俭居、明经等。党家村已故学者党丕经先生将韩城500多例民居的门楣题字归纳总结为五类："第一类：显耀，如'大夫第'、'进士第'……第二类是箴铭类，如'忠信'、'务为仁'……第三类为祝颂类，多摘自《诗经》……如'奠厥居'、'利攸

图 2-36　灵泉村砖雕座山影壁

图 2-37　旬邑唐家大院木雕

图 2-38　旬邑唐家大院脊饰

图 2-39　旬邑县文庙拴马桩

往'……第四类为标榜类，如'耕读第'……'课桑麻'……还有一些不好归入前四类的，如'看路滑'、'鹦鹉堂'等就是第五类"[52]。利用东厦房南山墙正对入口，将山墙做成坐山影壁，其上饰以砖雕壁画或设"天天庙"（神龛，图2-36）以祈福镇宅。

三雕艺术：砖雕、木雕和石雕，题材多为牡丹、灵芝、蝙蝠、猴等动植物，谐音喻义富贵吉祥，文必有意、图必吉祥。木雕多为门窗和入口门头装饰，雕刻题材更为广泛，孝子等传统故事图文并茂（图2-37）。砖雕在脊兽、墀头、神龛、影壁和浮雕壁画中广泛使用，一般民居在屋脊、挑檐、花墙，甚至通风空洞都以瓦片垒砌出各种镂空图案装饰。脊饰（图2-38）设于坡屋顶最高处的屋脊处，具有稳定房屋结构和防止雨水渗漏的构造功能；协调房身比例尺度，增加建筑高度、稳定性的审美功能；吻兽一般是鱼等水生动物，具有镇邪、防火的心理慰藉功能。石雕主要在门枕石、柱础石、石敢当和天心石上精雕细凿，多以人物花鸟为题材。关中石雕的另一大特色为拴马桩（图2-39），门前伫立，石雕刻画出栩栩如生的图案造型，既标志住家身份又有辟邪、镇宅之意。

2.2.4　建构解析

1. 建构习俗

盖房前首先确定庄基四至界限，邻居之间也有约定俗成的章法，筑夯土墙

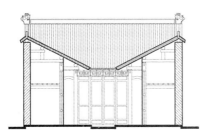

图 2-40 关中民居厦房剖面图

图 2-41 硬山墀头

时以界线作墙中线，墙是两家的"官墙"。合屋并脊："先盖者压墙，后盖者压房（脊）"[53]。如果两合脊，房屋起架高低相同，美观坚固；如果不合脊，后盖的屋脊高度超出先盖者则被视为失礼行为。打墙时如果边线以两家界畔为准，这墙便被视为"私墙"，邻居再盖房时便无权靠墙，需另外做墙。20世纪80年代之后，普遍砌筑砖墙。

民谚"有钱难买西北房，冬天暖和夏天凉"[54]，关中民居的建设一般先建西和北面的房屋，即优先居住面东和面南的房屋。较长的院落，居中盖"腰房"，形成两进或三进院落。在屋檐高度上一般是"步步高升"，从前至后依次升高，取"一辈更比一辈高"的寓意。如果院子靠着小巷和大路，那么厦房对外的一面设一檐，坡长仅及朝院里一面的四分之一，这种房称为"豹子头"（图2-40）。硬山墀头（图2-41）是硬山山墙檐柱之外的部分，由下碱、上身和盘头三部分组成。厦房也可以设四道凛，前面一排明柱，形成穿廊、歇阳。合阳灵泉村有的房屋起架高，屋内棚上楼板，利用室内家具的设置可登到楼板之上或由室外架梯子进入，楼上堆放杂物，安全可靠。厦房在合阳等地讲究松木椽擦，更讲究"一松到顶"，不用杂木，但一般人家难以企及。厦房的椽一般是两坡相接，一坡长，一坡短，叫"接椽"；再在脊檩和背墙梢子之间搭上短木棒，俗称"找锣锤"。如果檩长不需接椽便可从脊檩伸到檐檩上，这种椽叫"一枪戳下马"。

关中的传统建造习俗，以澄城县为例：第一步是选定吉日，挖土三处（在用地前、中、后三处），放鞭炮，表示破土开工。挖条形基础宽70~80cm、深50cm，均匀夯实两层。第二步是砌砖基础，立柱，完成砌墙工作，并安装门窗框架。第三步开始上梁，在梁上搭红、挂铜钱，贴上梁大吉、年月日等字样的纸条，吉时一到给梁上浇无根水（井水，从井里打出后水桶不能沾地，直接提至上梁处），然后放鞭炮。提前在院内摆好供桌，鞭炮过后在供桌旁烧香祭拜、磕头、敬酒、献吃食答谢匠人。第四步钉椽、铺衬板（苇箔或衬砖）。最后一步是上瓦，完成建房过程。

2. 材料构造

建筑材料和构造因地制宜、物尽其用、省时、省力、经济适用。材料构成简

图 2-42　胡基墙的砌筑

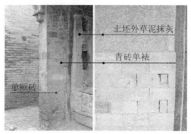

土坯外草泥抹灰

青砖单裱

单顺砖

青砖墀头

土坯墙外粉白灰

青砖勒脚

图 2-43　土坯与青砖墙

单，主要是土、木、砖、石。

屋顶在木构抬梁屋架、檩条之上架椽子，其上再铺上小青瓦。瓦的铺设，因关中雨水不多，以仰瓦为主。房顶椽上钉苇箔（即芦苇），再覆上草泥，待干燥后再摆上瓦，称为"干撒瓦"。也有用木望板或砍砖代替苇箔，此种材料和构造更为坚固，是较为考究的做法。"砍砖"也称衬砖，厚8分至1寸，长宽约6～8寸（约3cm×20cm×26cm），使用衬砖的屋顶构造对于椽子的用料要求较高，椽子整齐、平整才可以平稳地搭放衬砖，其6～8寸的间距也正是衬砖的尺寸。木望板也称衬板，多为桐木等杂木。在椽子的端头部分以木板遮挡封闭，达到美观的效果，俗称帘檐。檩、枋以及椽一般为松木，厦房有时也杂以杨木、桐木、椿木等当地木材。檩、枋、柱均使用直径尺寸在1尺（约0.33m）以上的木材，是建筑的主材，木材用料的断面尺寸越大，越能体现屋主的经济实力。

长安是丝绸之路的起点，关中成为接触西域的前沿。在唐宋、五代至辽金元时期，匈奴、氐、羌以及蒙古、女真、党项等西北少数民族迁移入关中，将胡汉文化及生产生活方式相互渗透融合。土坯墙的砌筑方式即由西域传来，而中国本土的夯土墙在关中也十分常见，土坯轻巧、灵活适于砌筑，夯土结实承重，这两种土墙根据其需要而使用。土坯也称为胡基，由土坯砌筑的墙体称为胡基墙，古风犹存，兼容东西。土坯的尺寸为7cm×30cm×45cm，传统青砖尺寸7cm×14cm×28cm，这两种材料共同交替融合使用，是关中民居墙体的主要材料和做法。土坯材料为原始生土，在建房之前需备齐待用，制作过程简单，有一定的制作规范："三锨、六脚、十二柱窝"，即铲三锨土倒入模具，踩六脚以压实，再用石夯夯十二下，出模后成摞晾干即成。胡基的砌筑以立砖为主，每隔一层一皮眠砖（图2-42）。

墙体采用青砖砌筑墙基勒脚、墙角、檐口，俗称"金镶玉"，或称"穿靴戴帽"来重点加固胡基墙身（图2-43）。为了衔接砖墙与胡基墙的厚度，同时节约

砖的用量，砖墙使用空心砌筑，在空隙处添加碎砖瓦块，称为"填焊"。每隔5~7皮砖进行拉接，增强墙体整体性。还有采用土坯衬里，青砖贴面，并在门窗洞口加一道砖砌边的做法称为单裱、裱砖，增强墙体的耐久性和美观性。厦房山墙、背墙采用胡基墙外单裱7cm青砖加固，还有用14cm宽单顺砖在胡基外侧砌筑的做法。窗下墙多使用青砖外裱，而窗上墙往往是胡基墙外草泥抹灰，有条件时再附着白灰（也称麻刀灰）饰面。一般在胡基墙上部设置腰檐（图2-44），出挑2~3排小青瓦形成横向线条，排水、防止雨水侵蚀，增加水平划分和生机。土坯本身是生土，干燥时具有很好的强度，雨水侵蚀是其最主要的弱点，腰檐的构造兼具形式与功能的良好效果。富户人家将整个墙体用青砖砌筑，俗称"一砖到顶"，勾勒出俊秀、硬朗的独特气质。

图2-44 腰檐

3. 梁架结构

关中民居构架基本形式是抬梁式构架和穿斗式构架。抬梁式构架由柱、梁、檩、椽组成。柱下设置柱顶石作柱础，上部承梁，梁上托檩排椽。穿斗式构架由柱、檩、椽、穿枋组成，每根檩都直接架在柱上，柱下设柱顶石，柱与柱之间用穿枋联系以保持稳定。

正房和腰房均是双坡屋顶的房屋，其形制为"惟五架之房，俗称四椽房"，主要是三架梁和五架梁。即两坡硬山屋顶，横向硬脊饰有脊兽，如果是三道檩，对椽的要求高，叫"硬撑房"；如果是五道檩，叫"云罗架"，除多两道檩外，还得再添"小担子"。三架梁和四架梁多用于进深较小的房屋，五架梁和七架梁用于进深较大且内部空间需灵活分隔的厅堂和正房。当椽子用料短时，在三架梁的一边设童柱，用以承托云梁和腰檩，形成四架梁。有的在三架梁和五架梁前后加一步架，设檐柱用挑尖梁与金柱相连（图2-45），多见于进深较大和檐下设廊的正房或厅堂，也有用四架梁和六架梁做成卷棚屋面。一般农宅中只用两榀木屋架，东西山墙直接搁檩，承重的山墙多为砖墙和夯土墙，屋架下砌土坯隔墙将空间分为三间或两间。厦房是单坡屋顶，多为三四檩，一般设檐檩、腰檩和脊檩三道檩，进深较小，多为一面坡，其构架常做二架二柱；若房前设廊时做三架三柱，形成穿廊、歇阳。主檩1尺半（约0.5m）左右，檐檩1尺（约0.33m）左右。木架构梁下设置随梁房，擦下设垫板或抱擦，并沿各开间各檐柱之间设置檐枋或额枋，使整个的房屋骨架在纵横方向拉接更加紧密，形成稳定的整体结构体系（图2-46）。

由木构架构成的传统坡屋顶建筑，无论单坡的厦房或双坡的正房，屋架下都形成以储藏杂物为主要功能的阁楼。

1 五架梁结构 空间利用
一般形式

2 五架梁结构
三架梁前后加一步架形式

3 六架梁结构
五架梁前一步架带前廊

图2-45 梁架构架

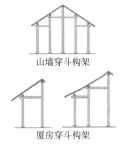

山墙穿斗构架

厦房穿斗构架

图2-46 穿斗构架

2.2.5 地域技术范式

1. 厚重墙体

无论生土墙还是砖墙，墙体厚度均在0.3m以上，甚至达到0.4m，属厚重型建筑围护结构，有利于维持恒定室内温度，保温隔热。黄土作为生土墙体原料，一般沿沟畔坡地取用，材料制作过程无燃料消耗与环境污染，具有可再生和可降解性，拆除后可作为肥料使用。"填焊"的做法充分利用砖头瓦块等建筑垃圾，都是生态的做法。厚重墙体的传热量和热损失较小，利用较少辅助热源即可达到相对热舒适状态[55]。生土属于多孔材料，具有一定的空气湿度调节能力。当室内空气湿度较大时，生土墙体会吸收部分潮气；当室内较干燥时，生土墙体会将其内部蓄存的水分散发，成为可呼吸的墙体，利用这种呼吸功能可以充分调节空气湿度，使得室内常年处于一个比较恒定的湿度范围[56]。可再生、易降解，储热量大、调节湿度、会呼吸的厚重生土墙是传统关中民居的生态技术范本。

2. 单坡屋顶

单坡屋顶一般为硬山仰瓦屋面，相邻两户正房并山连脊，厦房靠背合建，院墙与房屋围护结构共同围合院落，具有排水、集雨、防风、防尘、防盗等综合功能。关中夏秋多雨，但总降雨强度不大，仰瓦之下是草泥层，材料间存在缝隙和气孔，不宜长时间阻隔积水，椽与檐墙也存在空隙（图2-47），使屋顶具备"呼吸"功能。单坡屋顶坡度较陡，约30°左右，有利迅速排除雨水；屋顶高跨比通常为1：2，形成高耸的屋脊，防风、防盗。高大宽敞的空间（图2-40）也提供了凉爽透气的条件。厨房因换气需求量大，局部摘掉几页瓦片形成天窗。墙体上部一般设有小气窗，有助空气流通。利用屋架下空间形成阁楼，成为保温、隔热的过渡空间，提供舒适的居住环境。

单坡屋顶的半个屋架使用规格较小的檩条即可，木材使用量小。在檐口处有"飞头"的做法，用楔形方木条延长椽子，形成挑檐（图2-47），充分利用小尺寸木材，也起到椽头部位的美化作用。因关中平原是传统的农作物种植区，林木种

图 2-47　灵泉村厦房檐口

植少，森林主要集中在北山与南山（秦岭）一带。在文化渊源之外，经济与材料制约也是形成单坡屋顶的重要因素。

3. 窄长院落

关中地区夏季酷热，因此南北窄长的内庭院处在东西厢房的阴影区内，以求夏季阴凉，这是关中气候和紧凑的用地条件所形成的居住模式。运用建筑的组合关系形成相互之间的遮阳效果，是值得借鉴的夏季降温措施。同时，窄院在人口众多的关中地区，达到了南北通透、自成体系的合院节地效果。由于尺度过于窄小（图2-13，图2-40），院落净宽一般3m左右，除去厢房檐口下的台阶和散水，剩下不足2m的院落空间，两厢檐口距离小者仅1.1～1.2m[57]，无法开展更多的生活活动。在遮阳的同时影响东西厢房采光，厅房所带暗间也处于厢房的阴影区同样暗仄，夏季荫凉有余而冬季采光不足。

2.3 生态环境要素

2.3.1 自然生态要素

1. 水

在仰韶文化时期关中气候温暖湿润，水草丰茂，自然条件优越，随着后世朝代更替、大量人口增加和过度开发，这片土地逐渐衰败下来，其重要原因之一就是由水利的兴衰带来的水资源条件的差异。水对于大部分关中村落来说是珍贵而稀有的资源。水井是渭河平原地带村落的重要构成因素，每个村落至少都有一、两口水井，既决定村落的选址、规模，又提供生活所需成为聚集闲聊的中心。例如合阳灵泉村、韩城党家村和华县韩凹村的古水井还筑有井房（图2-48），处于村落的核心地带，构成的节点空间起着影响村落形态的重要作用。由于地表水资源匮乏，地下水的不易获取，雨水成为关中重要的水资源补充形式。

2. 土

关中在长达7000～8000年的农业耕作中，黄土地依然疏松肥沃，适于植物生长。富含有机质的土壤生成是漫长岁月的积淀，1cm的表土需要100～400年的时间才能形成，30～50cm厚的自然表土至少要经历3000～20000年[58]。由此形成了关中人难舍难弃、世代相守的家园意识，演化到今天表现为守土、保守的性格特征，也昭示出保持生态、与自然和谐相处的文化力量，孕育出厚重的黄土文明[59]。以土建造的生土建筑，火炕、土灶，使人们生活

图2-48　灵泉村水井房

图2-49 关中村落中的
树木

在黄土包裹的世界。在外观色彩上土生土长、融于大地，协调而质朴。用黄土夯筑的厚重土墙成为关中民居显著特征，符合地域自然气候赋予的"保温文化"[①]以及平整立面、明确体量的"墙面文化"等北方民居的特色。由黄土构成的田地，是村落最主要的大地田园景观。土地的多寡和肥沃程度，影响农业收成和经济水平，决定村落的大小和人口的多少。大片而开阔的田地与密集的宅院构成村落的主体，黄土地、灰瓦、土墙、青砖书写出关中村落特有的景致与肌理。

3. 树

关中本地树木常见的有：槐树、杨树、桐树、榆树、椿树、银杏树等，果树品种丰富：苹果、石榴、梨、核桃和枣树等。庭院内很少种植桑槐，偶有花木点缀，通常有蜡梅、玉兰、石榴和夹竹桃，后院常种榆树，目前院内喜种核桃树。历史上由于缺水与窄院影响，院落种植并不十分普及。注重实用性成为树木种植的关键点，树是生活的一部分。成片的枣树林是孩童的游乐场，每逢金秋家家户户火红的柿子挂满枝头，槐树下纳凉聊天、打牌下棋（图2-49）。这些生活场景无不与关中特有的树木花草有关，种植树木可为乘凉、蔬果食用、经济收益和修建房屋等所需之用。

2.3.2 生态技术应用

1. 雨水收集利用（水窖与涝池）

渭北旱塬，"无山川湖泊，民井汲巢居，井深五十丈"[60]。在机井广泛运用之前，人工打井十分艰难，所以只能依赖雨水解决日常所需，涝池和水窖功不可

① "寒带……保温优先的地区，其建筑风格均以墙面元素表现为主……展现出平整立面与明确体量的造型，因此保温文化也可称之为墙面文化。"详见林宪德《绿色建筑——生态·节能·减废·健康》。

农村新民居模式研究——以陕西关中民居为例

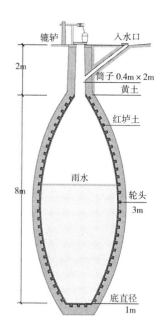

图 2-50 灵泉村水窖

图 2-51 水窖剖面图

没。民居中以水窖积蓄的雨水，经沉淀净化，供餐饮和洗漱之用，是雨水循环利用的发端。

水窖（图2-50，图2-51），深可达10m，窖口直径30～40cm，仅可容纳水桶进出，其下是宽度略大桶状的筒子，长约2m，再下是长8m左右程橄榄状的窖体，一般轮头（最宽处）直径3～6m左右，窖底直径1m左右。当窖体挖掘成型后，在窖壁主体内每隔20cm左右凿10cm×15cm的竖向小坑，用木棒锤将10cm×25cm的红垆土泥条打入小坑内，夯实后红垆土在窖壁形成5cm左右的防渗漏层。红垆土致密、坚硬且具有较大黏性不易渗水，将红垆土捶打铺钉的方式称为"打窖"、"钉窖"。水窖在内院地下，从屋顶、庭院汇集而下的雨水通过水口进入水窖，水口设置在庭院标高较低一隅。土窖胶泥打窖较费工时，且年久失修易渗漏，20世纪80年代后出现用水泥砂浆抹面的水泥窖。由于水泥砂浆不透水且不透气，长期密闭盛放雨水易造成水质腐败变味，尤其是头窖水水泥味重，水质不佳，一般村民均不饮用。传统胶泥打出的水窖，虽防渗漏功能不如水泥窖，但其呼吸透气功能可保持水质良好。

涝池（图2-52，图2-53），剖面呈锅底状，直径40～50m左右，有圆形、矩形和其他自然形态，一般坐落在村落地势较低的位置，设有坡道引入村中雨水，起到排涝并收集雨水的作用。这是旱塬特有的地景景观，难得的生态水体景观。传统涝池底边使用类似水窖"打窖"钉红垆土的方式，也有用砖石铺砌，成为防渗漏层。澄城县雷家洼涝池位于村南，直径40m，最深处3m，可容纳2500m³左右的雨水。岸边砌筑有石围岸，西北端部呈喇叭口坡道，铺有砖石，是收集雨水

图 2-52　灵泉村（上）和
雷家洼村（下）涝池

图 2-53　涝池剖面示意图

图 2-54　党家村火炕

的入口。澄城县镇基村涝池位于村中心，依地形为矩形，宽40~50m、长70~80m，最深处有4m，南北两端有两处入水口，可容纳多达13000m³的雨水。目前几乎所有村落的涝池都已荒废，年久失修；同时由于关中雨水季节性强且蒸发量大，涝池水量小、水质恶化、干涸现象普遍。

2. 土与薪柴使用（火炕与土灶）

炕（图2-54），也称火炕、土炕，用砖或土坯砌筑相通的坑道，以土坯（也称泥基）为盖，盖上复用草泥、沙泥或白灰抹平，上面铺席和被褥，是可以烧火取暖的床。在澄城雷家洼村使用的泥基（图2-55）一般为70cm×80cm，厚约5~7cm，成为模数化的基本单位，泥基的块数决定了炕的大小，小炕约2m见方需用9块泥基，大炕12块、15块泥基。其下有孔道和烟囱相通，一端通向烟囱，一端设有炉灶，炊事用能提供取暖，可谓一举两得节约能源。炕沿用砖、木贴边，现在多为瓷砖贴面。炕边靠墙常设置搁物架、储藏衣物和被褥。近十年来新建炕，使用预制楼板覆盖，下面用红砖垒几个立柱做支撑，称为空心炕，制作工艺简单，比土炕更整洁，内部空间大，不易被烟火灰堵塞炕

图2-55 泥基晾晒

图2-56 礼泉小高村土灶

道。但是由于预制楼板蓄热量不高，炕热得快凉得也快，使用不如土炕舒适。燃烧材料多为麦秸秆和棉花秆等农业废料，火力较绵软而持续，经济实惠，但体积较大需要较大堆放空间，影响家居卫生。火炕在寒冷地区是冬季必不可少的取暖设施，但低效的薪材使用方式有待改良。

最原始的灶是在土地上挖成的土坑，直接在土坑内或于其上悬挂其他器具进行烹饪。这种灶坑在新石器时代广为流行，并发展为后世的用土坯或砖石垒砌成的灶，至今仍在农村普遍使用。由于关中大量使用土坯砌筑的灶，故称其为土灶（图2-56）。

3. 风

关中窄院民居对于自然风的运用体现为两个方面：迎和拒。引入自然风，门窗对位，穿堂风带来夏日凉风，形成自然通风系统（图2-57）。民居庭院空间面宽度、高度、进深之比为1：3：1的比例关系，对促进夏季庭院的自然通风有利[61]。高大的正房和四面围合的向心、内聚的建筑组合方式，有效遮挡冬季寒冷的西北风。传统关中村落选址重视向阳背风，民居朝向坐北朝南。例如韩城党家村坐落在泌水北岸，南北均有高塬，处于河谷地带，向阳避风、防尘，水源充足，水陆交通便利，成为风水宝地（图2-58）。

4. 阳光

关中民居的外观虽然封闭，包裹得严严实实，但其内部面向庭院的立面却是开敞、通透的，尤其

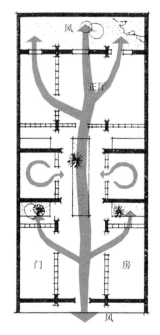

图2-57 自然通风示意图

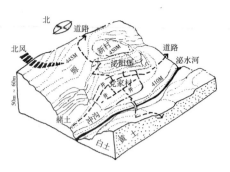

图 2-58　党家村地形

图 2-59　灵泉村民居正房
南立面

支摘窗

图 2-60　灵泉村民居厦房
立面

是正房南立面，透花窗格、门套均可以完全打开，是可摘卸的木质镂空图案门窗扇（图2-59）。厦房开窗较正房小，但支摘窗上端可支起，下端可摘下，根据气候调节开窗幅度（图2-60）。通透的内立面是被动式太阳能利用的有效手段，将阳光引入室内，墙壁和地面多为生土或砖石，直接得热并储存热能；同时可添加布帘、木门扇等措施保暖，成为可调节的被动式太阳能利用方法。冬日蹲聚在南墙下晒太阳是关中一大民俗，黑色粗布棉袄更有利于吸收热量，一般在上午10时左右的响午饭迎接冬日第一缕暖阳。

2.3.3 室内热环境

1. 冬暖夏凉

从调查中发现，无论是住户主观感受，还是客观测试验证，相对于现代砖混结构（砖砌墙体与预制楼板平屋顶），传统民居具有冬暖夏凉的优点。尤其是生土民居热质量较大，因而热阻和热惰性指标均较大，通过外墙的传热得热量和热损失均较小。在冬季利用较少辅助热源，如土炕的使用，就可使居住者达到相对热舒适状态。在夏季，利用坡屋顶下的阁楼通风散热，歇阳、通廊的遮阳作用，东西厦房之间的建筑自遮阳以及宅院穿堂风的组织等达到"夏凉"的状态。

2. 通风透气

一方面，生土民居的室内湿环境比较稳定，因生土材料的多孔属性，使得生土墙对室内空气湿度具有一定调节能力。经验表明，当相对湿度达到30%～70%

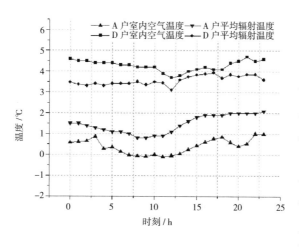

图2-61　A、D点室温

的时候，人体在室内才会感觉比较舒适，而由于生土本身的"湿呼吸"性能较好，让人感受舒适。另一方面，木质门窗与坡屋顶材料构造具有缝隙的特点让传统民居"会呼吸"，通风透气。所以传统民居在温湿度与通风透气等方面都相较现代建筑更为优越。当然，通风透气有利于提升室内空气质量、夏季散热，但也造成冬季冷风渗透不利保温，因为关中属于寒冷而非严寒地区，所以相对于屋顶的保温更重视厚重墙体的保温防寒，厚重墙体已经带来较好的保温效果。

3. 测试比较

2007年12月31日、2008年2月15～18日，分别对礼泉县赵镇小高村不同年代和材料结构的民居热工性能进行测试[①]，详见第3章3.3.4建筑热工性能对于此次测试的说明。测试A点砖混结构，外墙240mm砖墙，无保温预制楼板平屋顶；D点土木结构，夯土外墙、木屋架、小青瓦坡屋顶。

A、D点均为未采暖的房间，全天平均温度分别为1.5℃、4.3℃，由于A点砖混结构，D点土木结构，D点室温高于A点（图2-61），证明夯土墙与木屋架的传统民居保温隔热性能较好，平均辐射温度和空气温度变化均较稳定，表明生土外墙具有一定的保温蓄热性能，热舒适性高于现代砖混结构。

从主客观调查与测试及其材料构造的研究分析共同表明，传统民居能耗低、热舒适性良好，是一种节能、生态的建筑形式。

2.3.4 绿色设计思想

1. 风水环境观念

中国传统风水理论初始于躲避天灾、适应自然环境的需要，是从黄土高原连绵起伏的山区，由先民为寻找理想的洞穴而发展起来的，并逐渐赋予了意识形态内涵。优先选择向阳、避风、近水区域，反映了对居住环境的朴素科学认识[62]。村落并不是随意修建，而经过精心地选择，西安半坡的半穴居遗址、临潼姜寨的原始聚落均坐落在黄河支流的两河交汇处的高台地、"合口"三角洲上，在中国传统地理中称居"汭"、居"澳"[63]，温暖潮湿，用水方便，食物充足（图2-62）。风水学有形势派与理气派两大流派，其中的形势派发端于陕西，"着眼于山川形

图2-62　浐灞三角洲

① 在刘艳峰教授指导下，笔者与王登甲等共同参与该测试调研工作。

图 2-63　党家村总平面图

胜和建筑外部自然环境的选择……学理的形成主要与土地、山脉、河流的走向、形状和数量等大的自然环境有关"[64]。关中平原是典型的北方半旱作农业区，自然条件既有风调雨顺的一面，也有高山大河、四季气候的阻碍的一面，村落选址（图2-58，图2-63）与民居建造受传统风水、儒家礼制、哲学文化及朴素生态思想影响最为深刻。

关中民居是顺应自然、适度获取，长期形成的可持续生存（sustainable survival）的使用模式。关中四合院是四象、四方、四时和五行观念的集中体现，注重中轴对称，体现八卦方位（图2-13）。遵循"坎宅巽门"[65]原则，倒坐北向为堆杂物和男性仆役的居所，常在西南角设厕所。关中农村民居的厕所多为旱厕，设在门前院外居多，也有设在后院的习俗。西厢为兑位卦象，为年轻女性居所；东厢为震位卦象，为长男居所，符合左昭右穆、东尊西卑之制。主房居正北"坎"位，属水，正中为堂，是院落核心，"六礼"①场所。院落中虽没有固定的餐厅，但对于有关饮食的厨房的方位却很讲究，"厨房的安排，要体现'坐煞向生'的方位，即'灶座宜坐煞方，火门宜向宅主本命人命之生、天、延三吉方'（《阳宅撮要》卷一）……四合院中的厨房，常被安排在东房的南面一个房间，或北面的房间，或者干脆设在院子的东北角。"[66]东厢南面的山墙正对入口巽位设座山影壁，或装饰砖雕吉祥图案，或设神龛"天天庙"。以此互为对应，宅门设在东南方向，属木"巽"位，表示"水木相生"，巽为入，寓意财源滚滚。

2. 宅院身体观

厦门大学戴志坚教授、中国台湾民居学者李乾朗以及天津大学张玉坤教授从各自的研究中发现并共同开创中国传统民居人体象征研究的先河。传统民居中朝向和方位、中轴与布局的概念均体现模拟人体的身体观[67]。传统民居以人所处位置作为空间的中心定点，利用人的肢体作为衡量人与周围环境的关系，并将肢体的名称直接用来形容方向与空间。以正身为主体，伸手为偏，而正身之厅堂为中心定点，中轴线方向为前方、正向，反之为后方、背向。南为阳，北为阴，因此坐北朝南就是尊贵的位置。坐北朝南，左东右西，以左为尊，以右为卑，由此，左伸手即为东厢房，而右伸手即为西厢房。从平面格局来看，住宅和肢体器官一样，各部分具有结构上的连接性，如：正身—伸手（身—手）、正厅一间（头—肩）。又两伸手的左、右指涉，恰与身体的左、右两手是同样的概念与方位观，也是把身体自身的形象当作住宅本身来看。民居建筑的配置方向以坐北朝南为最

① "六礼"指：冠、婚、表、祭、乡、相见。

图 2-64　党家村民居俯视

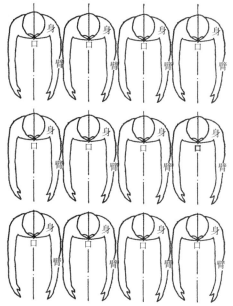

图 2-65　宅院身体观

佳的方位，而背山面水则为最好的环境选择，其方向（北方、南方）也是以身体为中心的相对坐标来指定的（人的正面指南方、背面指北方），也是模拟身体的方位观。

关中民居作为中国传统民居的一支，符合上述关于人体象征和身体观的观点，对于方位观的认识也与风水学的观点一致。典型例子是韩城的四合院，称其为"全欢四合院"[68]，门厅象征头，厢房象征手，门房象征足，院落四面的建筑均为双坡屋顶，代表一个人健全的身体，所以称之为"全欢"（图 2-64）。从村落角度看，除大型院落外，以一两进院落为主，横向不同院落的并联关系更为重要，数列这样的院落如同兵马俑矩阵比肩而立（图2-65）。关中民居并不强调个性特征，而是如同军队般的团体精神的体现。蕴含聚集、围合的村落居住形态以及深刻的安全防御意识。

3. 气候适应性

传统民居蕴含朴素的生态优化理念[69]，以最少的地方材料与人工、较快的营造速度、符合当地气候特点的构造作法、亲切宜人的尺度、朴素节俭的生态经验、独具特色的地域风格与田野、水体等自然环境相融合，参与生态系统的循环，实现能量流与物质流的平衡。

关中属暖温带半湿润半干旱季风气候，夏秋季潮湿、多雨，冬春季干燥、少雨雪，冬季寒冷、夏季炎热，四季分明。年平均气温11～13℃，无霜期渭北高原180～200d、关中平原200～230d。由于环流有明显的季节变化，各季盛行风向随之改变，但风速属风弱区域。关中太阳辐射与日照时数光资源较为丰富，关中东部地区年日照时数2100~2400h、关中西部1900~2300h，尤其是渭北高原地区年太阳总辐射量高，如澄城县、合阳县分别达到5133.1MJ/m²和5100.1MJ/m² [70]。基于这样的气候条件，传统关中民居逐渐积累出应对之策，充分显示出对于气候的适应性。

首先是建筑朝向，朝向的选择主要取决于气候和文化两大因素。气候因素主要包括：防太阳辐射、争取夏季主导风、防避风雨和冬季寒风等方面。因此，传统关中民居的朝向都避开西向，再结合风、雨等气候因素的考虑，坐落讲究正南正北。其次是村落、院落的布局，年代久远的村落其民居布局一般较为集中，成组成团，形成防寒的建筑组合方式。每户面宽不大，但南北通透，在建筑平面与空间布局上既有空间紧凑、体型敦厚保温御寒的一面，也有正房空间较为高畅、门窗对位通风散热的一面，兼顾冬夏寒暑。在有限的土地、气候条件下优化布局，最大化提供适宜居住环境。

从上文述及地域技术范式中的厚重墙体、单坡屋顶、窄长院落以及生态技术相关中的涝池、水窖、炕和门窗的设置等方面，都显示出对于较为干旱而冬季寒冷、夏季炎热的气候所作出的适应性选择。关中民居与晋中民居形制有相同之处，"但因气候较之炎热，所以院落更为狭长" [71]，利用建筑自遮阳解决夏季隔热防晒的问题，避免西晒。单坡屋顶将院落围合成坚固的城堡，外部是屋脊高度的封闭墙体，高大结实，防止冬季寒风吹入、防风沙，并为身心提供安全保障。因为渭北旱塬的缺水而产生出用于雨水收集、贮存的涝池、水窖，因为冬季寒冷而使用火炕以及内向门窗较为开敞和南墙下晒太阳等生活习惯，这些都是被动式太阳能有效利用。这种高敞屋顶、厚重墙体形成可呼吸渗透、蓄热隔热、冬暖夏凉的建筑形式是适应自然气候的必然选择。

2.4 外部空间

2.4.1 线性街巷

线性空间即向量空间，是线性代数的中心内容和基本概念之一①。特指在某一个方向指向性强而形成的狭长呈带状的空间形式，任何具有比较明显的单方向主导型的空间都能称为线性空间，因为它同时满足了方向和形态的特征。在中国传统空间的研究中具有线性特质的空间代表是街巷（图2-66），传统中国并不追求如广场般现代意义的开放空间，串联起家家户户狭长的街巷成为其建筑外部空

① 引自维基百科 http://zh.wikipedia.org/wiki/ 线性空间。

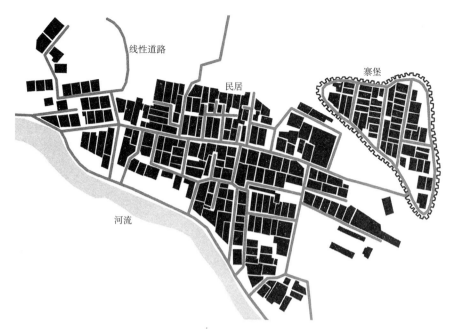

图 2-66 党家村总平面分
析图

图 2-67 党家村民居入口

间的主角，线性是中国传统外部空间的首要特征。以街道为主线串联起两侧商铺与民居，或工商，或娱乐，或居住，密密匝匝、连屋并脊，日常生活均在这条街道上惬意展开，形成特有的肌理。传统关中村落，线性街巷特征典型。

由聚集而始发，经由时间历练，逐步形成规模，彼此依靠、互为邻里。街巷是关中人的生活场所，是真正意义上的外部公共空间。街巷连接内部院落与外部空间，具有部分开放性，并且构成网格化的组织关系，成就村落邻里。

韩城党家村街巷静谧蜿蜒，尺度亲切宜人，线性自由写意。小巷多尽端式"死胡同"[72]，巷与巷少有相对的情况，均错开或呈"丁"字形和"卍"字形结构。尽端小路通向宅院，宅门巧妙扭转避免直冲巷口（图2-67）。整体路网通而不畅、纵横交错，陌生人走入其中犹如迷宫，具有防匪防盗、划分空间、创造安静居住环境的功能。自然地形起伏变化，宅院、道路、山势浑然一体，虚实对比、高低错落，富有自然情趣。小巷宽度有的不足2m，供部分宅院出入，仅能容纳一部架子车通行，成为主干道的从属支路，交通量小，提供安静的居住氛围。东西主街3m，南北小巷宽2m，尽端小路仅1.2m，供部分宅院出入。一般街道高宽比介于1：1~2：1，甚至更窄小（图2-68）。自然蜿蜒、宽窄的变化，入口、

主街

小巷

图 2-68　党家村街巷

图 2-69　党家村望楼

屋檐的精彩装饰，使得街巷空间并不感到压抑，而是显得空间感强且富于变化。

党家村四合院之间的各种巷道，多以砖砌山墙与青瓦屋面形成耐火屏障，地面一律为青石铺就，巷道内裸露的可燃物构件较少，客观上起着防火间距的作用，火势不易蔓延，加上村规民约防火意识较强，建村至今除有兵匪人为纵火外，120多座砖木结构四合院，从未发生过火灾。民国时期还建成望楼（图2-69），三层砖木结构，主要为敌情瞭望，也可监视火情的发生。其他传统村落如灵泉村，民居青砖灰瓦，砖石道路，其水井与涝池可供救火之用，安全防范意识浓厚。

2.4.2 开放空间

关中村落的开放公共空间，多是宗族祠堂、庙观、学堂、宗社等建筑的庭院构成，但这种公共空间的开放性并不充分，"传统广场的主要形制是严谨有序的院落布局"[73]。在中国封建社会时期形成了封闭、内向的汉唐里坊制，在宋之后逐渐开放，打破了坊墙制约，出现了街道和繁华的沿街商业，《清明上河图》描绘了北宋繁荣的街景，从此"街巷之市"逐渐取代"方形之市"，里坊制的空间格局最终过渡到街巷格局，外部空间的公共性极大提升。"院落体系在中国传统广场型公共空间中也得到了充分应用，庙会类型的广场式公共空间也是隐藏在沉默的'墙'背后，表现出一种内外分隔性，形成使人滞留的内向性特征"[74]，如寺庙、府衙、宫殿、勾栏、校场内部形成的庭院、广场，但是并不具有完整意义的开放公共空间性质，具有部分公共性。

在村落的入口或者核心一般都有大面积开敞空间（牌楼、牌坊、古树为空间中心），这一部分公共空间与街巷连接，呈线性分布，在街道空间体系中以放大的节点存在，通常位于街道交接处或在居住建筑组群之间，往往是公共建筑外部空间的"衍生"（图2-70）。纵观历史发展，中国传统外部空间的公共性是一个由

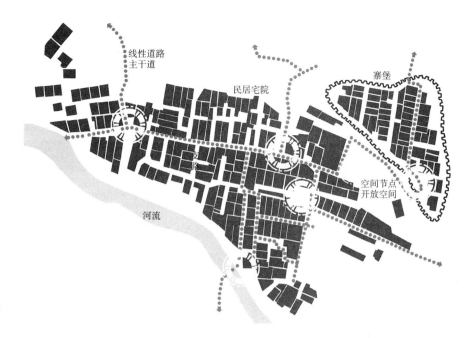

线性道路
主干道

寨堡

民居宅院

空间节点
开放空间

河流

图 2-70 党家村外部空间
分析图

封闭逐渐开放的过程，公共空间呈现线性形态的内向性特征，公共空间在传统中国建筑空间构成中是较为薄弱的部分。

2.4.3 过渡空间

街道与建筑的交界处、界面，连接民居院落内与街巷外，是过渡空间、灰空间。街巷最富于变化的部分，是廊檐之下、门楼入口，游走于内外之间，是每条街道最为独特的地方所在，是最富魅力的边界过渡空间。

街道不仅仅只是通道的作用，其形成一种类似线性小广场的空间，中间过往行人，而两侧则有多种行为活动产生，其外则是家庭空间的延伸部分。这类民居建筑在面向街道的一侧有挑出，而道路的尺度大约在 2 ~ 4m 之间，公共活动就发生在一街相对的两户之间，是利于交往的近人尺度。同时，这两户人家也会将一些家务活动直接转移到临街的交流面来进行，夏季遮荫、冬季晒太阳。屋檐之下、入口之间，是一个公共活动十分频繁的区域。

关中外部空间的三大构成要素：槐树、门楼和线性街巷。门外街道在靠近自家大门一侧种植槐树，这里就是"门豁"、槐院（图2-71，图2-72），所指就是大门外、入口处，过渡空间。槐树是不会种植在院内的，"槐"字里面有个"鬼"字，阳宅避讳；但是国槐和洋槐均是当地优良树种，树龄长、木质坚硬。树下阳光洒落、树影婆娑，柔化街道界面、限定外庭院空间，老槐树下道不尽沧桑岁月。在街巷蜿蜒而线性的空间下，浓墨重彩的门楼和精美砖雕的墀头跳跃而出。从行为空间的角度分析，槐院是关中民居的前庭，弥补封闭、窄长内院的缺陷。

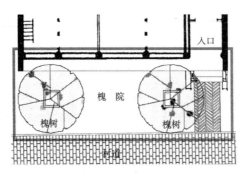

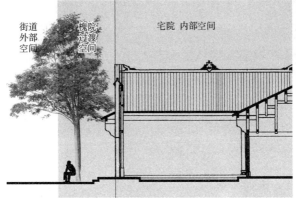

图 2-71　槐院平面构成
示意图

图 2-72　槐院空间构成
示意图

图 2-73　槐院剖面与行为
活动承载

槐院是传统关中民居外部空间重要组成部分，该过渡空间构成特有的街坊邻里交往空间（图2-73）。

2.5 文化属性

2.5.1 文本释义

汉字是由象形文字发展而来，与建筑有关的文字，其字形可抽象概括出当时的建筑形态。《说文解字》中"穴，土室也。"在黄河流域，最早的人类居所之一是洞穴，而后穴居发展成为房屋。现在的澄城县、山西王家大院都可见半窑居混合院，正房是窑洞，其他配房是砖瓦房，窑与房共同围合成院落。关中民居存在窑房并存的格局，称为"房窑杂错区"[75]。半窑居混合院是一种古老居住方式的沿袭，由此可见新石器时代以来，其居住文化的影响深远。

"中间起脊，两边下迤者"称为房，"一边下迤者"称厦[76]。房就是南向正房（上房），中堂加之两侧房就是上房三间。《说文》曰：房，室在旁也。《释名》曰：房，旁也，室之两旁也。"房"从字形来看与"旁"相似，位于堂两侧，因此得名。厦就是厢房、厦房，属于东西向配房。厢的繁体字"廂"，厦的繁体字"廈"，都有"广"偏旁，"广"表示主体房屋之外的建筑，一般为单面坡的前后和左右的辅属房屋，也表示一边开敞的空间[77]。《辞海》中"厦"的一种解释为：门庑；披屋。单坡的厦房属于从属空间。"廊，东西序也。从广，朗声。"[78]东西序就是堂两侧室外有顶的通道，起交通联系的作用。贴近单栋房屋四周的是廊庑，游离在房屋之间起联系纽带的独立通道则是游廊、回廊。河南偃师商城宫殿遗址中，整个宫殿建筑四周用回廊围成院落。汉画像砖，民居其主屋两侧设廊庑，院落中用游廊串联房屋。这种廊院形式，在北朝至隋唐的敦煌壁画中也可见到，唐朝回廊逐渐向廊庑转化，形成两侧带廊庑的院落，直至宋代还有廊院式院落，明清两代廊院基本绝迹[79]，取而代之的是合院民居形式。民居建筑总是和所处时代对应，而且极大简化繁复的装饰与规模，传统礼教制约的型制，是真实生活的写照。

关中民居窄四合院、半坡屋顶等特征是源于较为古老的廊院式庭院向合院式庭院的过渡，厦房是由廊到屋的变化过程中的产物。由此可推测房屋半边盖的习俗由来已久，历史文化渊源深厚，是一种古老的居住形式。

2.5.2 生活模式

传统民居中的生活形态可以从明清家具和建筑空间复原推想（图2-74），其生活形态适应于传统民居的平面布局、空间尺度与生活习惯。建筑空间采用"一间一室"的模式，房、厦各自独立，厦房之间也各自单独使用，绝少穿套空间。一般是多代同堂的大家庭，人口较多，合院分户而居，一间一室一户。家中有明确的长幼尊卑，左昭右穆、东尊西卑；严格的世俗礼仪，内外有别、远近亲疏。传统合院是传统家庭生活的合理配置，其空间形制维护传统家庭的结构关系。

图2-74 党家村房厦内景

图 2-75 灵泉村村墙大门

2.5.3 民居聚落

关中地势平坦，聚族而居，形成民居聚落——村落。主、次街巷形成的路网通往每家宅院，主要形态为集村。连片的灰瓦、窄院、街巷构成的居住组团与纵横阡陌的田野肌理形成鲜明对比。具体可分为块状或团状村落、长条状或梭状村落及线状村落[80]。块（团）状集村在纵横两个方向发育比较均衡，街路呈格网状。关中大部村落为块（团）状集村。长条状集村一般具有两三条平行的主要街路，纵向发育完全而横向不足。韩城党家村就是此类典型代表。线状集村是结构最简单的村落，在一条主路一侧或两侧布置宅院，道路有直有曲，也称为路村。此外还有为数较少的散村落，这类村落多地形复杂、规模小，形成年代短。

成组成团，聚族而居，村落整体性强，注重安全防卫。关中地势平坦，较少山地、沟壑地区的独居散户，传统村落人口聚集，居住密度大。村落中姓氏单一，多为一两个大姓，邻里彼此熟识，认同感、可监视性强。如临潼姜寨聚落遗址中的壕沟，围墙划定出村的领域。韩城党家村和合阳灵泉村分别有围墙、寨堡等类似形式的防御构筑物（图2-75），并设有门洞和大门限时开启，加强居住的安全性、维系村落的整体性。建立完善的村寨逃生、避难体系（图2-76），村落分为日常居住的区域与避难时使用的寨堡，这在韩城地区较为常见。党家村的泌

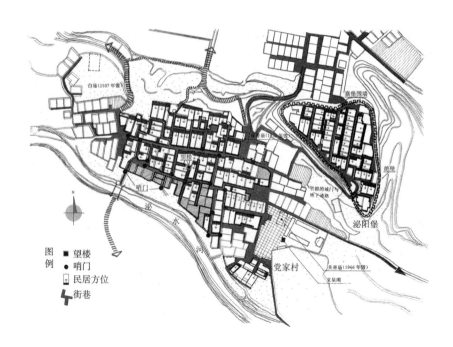

图 2-76 党家村安防体系图

农村新民居模式研究——以陕西关中民居为例

阳堡四临深谷具有避难藏宝的地理优势，通过砖砌护栏的石铺道路与村内相连。有匪患时各户由四合院住宅逃往泌阳堡，一般行走路程仅5分钟左右。泌阳堡设置平战结合，既有住宅等生活设施，又设置滚木、礌石和铁炮等。寨堡与村落紧密相连，形式有分有合，既是抗击来敌的守卫、战斗地方，又是强敌来临短暂避难、求生之地。兴建年代大体在明清时期，这与当时动荡的时局和出没的匪患有关，也与村落的富足有关，需具备兴建防御体系的需求与能力。

聚集的居住形态，村墙大门的保护，彼此熟悉的村民，槐院交谈的邻里，小尺度街巷，寨堡避难逃生体系等等一列实体保护措施与居住文化氛围，透露出关中民居注重空间围合，强调居住安全性的文化特征。

2.5.4 传统文化

1. 中

中国传统文化以"中"为贵，"中央"是尊贵、显赫、权力的象征，"中正"是对行为、人品、器物的褒扬。在《周礼》中等长的直线意味着平等，土地划分采用直线丈量确定地界，形成方块田地，类似于"井"字——井田制。方块田的形状影响汉字的形状，确定传统东西南北四位方向，关中号称"四塞之固"[81]，在四关之中，体现的就是中心、核心的地位，遵循居中、择中、四向等传统礼教。《荀子·大略》"王者必居天下之中"，《管子·度地》"天子中而处"，择中意识与"辨方正位"联系，"正名分，明等第"，择中布局模式成为族群布局的正统形制[82]。关中民居向心而居，正房、厦房严整对称，且屋檐均向院内倾斜，尤其厦房的单坡屋顶将雨水完全引入内院，内聚性强、避免邻里纷争。内院形态呈"工"字形、"亚"字形（图2-13），暗含居中、择中的文化寓意。内院当中还特别设置天心石，标明中心所在。其宅院平面格局及其组合方式，究其根本深受《周礼》、井田制的影响，随着汉闾里制、唐里坊制等居住制度的成熟，依然延续平直、方正的建筑格局。

"中"是关中民居的精华所在，外显为建筑格局与风貌的向心性、内聚性，又因关中地处中华版图的中心，加之地理、气候条件介于南北之间，悠久的历史文化传承，造就关中民居质朴中正、平直厚重的性格，折射出"中庸适度"的哲学内涵。

2. 礼

《周礼》所演化的儒学构成中国传统文化的基本精神，也是关中重要的文化资源。《说文解字》："礼，履也，所以事神祝福也。"礼起源于原始宗教，由宗教的祭司礼仪发展而来，发展成为维系天地人伦、上下尊卑的社会秩序的准则。"礼"是指仪礼、伦理、义理，涉及的是人性本质、人际关系、社会秩序，侧重对社会规律的认知。"直至汉武帝推崇儒术以来，董仲舒等发挥的结果，人们到处注意礼仪制度、长幼尊卑等秩序，一直到清代愈来愈甚。"[83]

关中自古崇尚礼仪，敦厚守法，儒家孝道使得礼制丧俗不死其亲、慎终追远，兴厚葬之风。关中人对于丧葬礼仪尤为重视，恪守具有仪式感的程序，配备特有设施，在院落、街道与田地之上规划路径进行仪式。这一仪式是举村参与的活动，是对于人从生到死的总结与肯定、追思与怀念。

在建筑方面集中体现在对建筑的一系列制约和制度的推崇。

唐《营缮令》中规定："庶人所造堂舍，不得过三间四架，门屋一间两架，仍不得辄施装饰"[84]。

《宋史·舆服志》："凡庶民家不得施重栱藻井，及五色文采为饰，仍不得四铺飞檐……庶人舍屋许五架，门一间两厦而已"[85]。

明洪武二十六年定制规定："功臣宅舍之后留空地十丈，左右皆五丈。不许挪移军民居址，更不许宅前后左右多占地，构亭馆，开池塘，以资游眺"[86]。

民居在历朝历代的发展中都是备受严格的等级制度的约束，明文规定的制度是礼教对于社会和民居的直接管理，一直是民居表象下的内在制约因素。关中文化以儒家正统文化为主体，注重伦理纲常，恪守各项等级制度，规定用材、设定行为、显示身份。由于固守传统，关中民居是传统礼教的一种特有外显方式，对制度的遵守尤为严格。森严等级制度成为民居无法逾越的鸿沟，造就特定空间制度："院—房—厦"这一模式化的建筑格局，厦房一间一室、左昭右穆；成就质朴、简练的建筑风格，并成为其共性特征。

制度是等级、尊卑，是制约、限定，是标准、规范，民居沿着"礼"的轨迹发展。就如同当代的建筑法规和规范管理着建设行为和建筑实体，让民居受一定限度制约而又自由发展，保证了其品质与发展秩序。然而民居自发建设的方式却在当代失去了制约和规范的制度，传统礼教业已丧失效力，那么什么是当前民居的"礼制"所在，民居建设中应遵循哪些原则，又或是怎样的模式，值得深思。

3. 实用理性

"大人不华，君子务实"[87]的农业文明带来了务实精神。"实用理性"不同于科学理性，是一种经验理性，不同于抽象玄虚的思辨理性，而是贯穿于现实生活的实践理性。"理"是指物理、天理、实理、事理，涉及的是事物关系、自然法则，侧重对自然规律的认识，在建筑中体现因地制宜、因材致用、因势利导、审时度势的务实精神，集中体现为"巧于因借"的"因"字。民居建筑注重功能实效与审美观赏的统一，服务于现实生活，保持其有机系统的和谐稳定，珍视人际关系，反对冒险，轻视创新。邻里之间屋檐高度的礼让关系是"理"的表现。街坊间比户而居，联屋并脊，却也省下各自建墙的花费，谈笑饮食中，造就融洽邻里关系，由"理"产生"和"的居住氛围。

"实用理性"思想影响产生了"通用设计"和"模糊空间"[88]。通用性表现为：建筑（房间）并不具有西方建筑那种明确的功能性、限定性，而是通用的空间，功能的非限定性，空间使用灵活可变。在传统关中民居中没有就餐的固定空间，正房、门房、庭院都因时、因需成为就餐的场所。通用设计理念还体现在主要居住空间的弹性可变，厦房数目多寡由人口多少决定，厦房多种功能互换，院落形式是三合还是两合也是较为自由的家庭选择。模糊性则是由廊、门楼等过渡空间制造出的灰空间、多义空间，由于模糊空间的不确定性使其空间生动，具有多层次、多量度的交织与合成，成为院落中最富于变化的部分，歇阳、抱厦和槐院就是其中的精粹。

实用理性既是探究民居精髓的"因借"之物，又是要打破固守传统的惰性，此时应运用思辨理性来完善"理"的全面意义。继承因地制宜、因材致用、因势利导等务实精神，和谐稳定的整体环境观和生态观，同时倡导思辨和创新，追求审时度势、与时俱进的时代精神和科学、理性的研究态度。

4. 内外有别

许倬云教授言"中国人总认为宇宙秩序有条有理，时间从零点开始，而宇宙的结构是一层层的同心圆……这种知识背景还被类推或衍伸到各个知识和思想领域。"中国人的关系是一种"差序格局"[89]，对于世界的认识是同心圆似的，由自身内而推及外部。认知外界是以外界与人的关系的密切程度为标尺进行度量，这种关系会使建筑的组合产生相应的变化，这与中国人的传统世界观和人际关系相一致。由于源自内心的差序格局，使得人们在传统的集聚形式上亦产生类似的格局。

"内外"的相对是建筑组合的核心精神，相对"内"和相对"外"的聚居是划分人际关系的外在表现，而聚居的封闭性与开放性也是这样一种关系。内与外的确定，建立了民居、村落的边界，是重要的文化因素，并由此推导出一系列空间及其环境的构成要素。在传统村落中，进入村落街巷到民居院落，都是逐层深入，由外而内的过程。通过层级空间的塑造，限定领域，建立人与人、人与建筑环境的关系。空间由于交往的层次性[90]而划分出内与外、私密与公共的不同，更是强调了内外有别的传统文化思想。

2.5.5 传统民俗

关中传统民风民俗是以农耕文明为本源，在既有文化框架之下，带入生活细微之处与宏观素养的整体风貌，是长期形成的衣、食、住、行的习惯和习俗，是千百年积淀传承的文化精髓，也是关中物质文化遗产的内在动力。关中民俗文化的独特性首先表现在历史悠久，在多民族以及外来文化融合背景下，仍以汉族为主体的本土文化。其次是在良好的生态环境背景下典型的北方农耕文化地域。再次是民间游艺发展程度较高，产生了多种民俗文化，体现在红白喜事、社火、庙会、餐饮习俗、民间艺术等方面。

关中"八大怪"以其古风古韵古长安的独特魅力，成为民间传颂和游客探寻的一大热点。"板凳不坐蹲起来"是吃饭闲聊时的普遍习惯，"蹲景"成为关中农村特有的习俗；"房子半边盖"就是单坡屋顶；"姑娘不对外"反映八百里秦川自古是自给自足的宝地，殷实而安于现状，恋土守家的心态；"帕帕头上戴"是妇女们适应黄土高原气候，遮阳挡尘演化而来的风俗；"面条像裤带"反映了关中人已经把面食发展到很高的境界，裤带面是有代表性的品种；"锅盔像锅盖"是指大如锅盖的锅盔馍，也是一种特色面食。"辣子一道菜"反映关中人对油泼辣子情有独钟，常常替代蔬菜下饭；"秦腔吼起来"指秦腔戏的特点，尤其像老腔等吼起来铿锵有力、酣畅淋漓。

这些传统民俗是关中人的行为准则、价值取向，也是生活习惯、文娱爱好，与文化关联，有喜好偏爱，是一个地方区别于其他文化的重要因素，约束限定与其对应的空间场所。年节社火、婚丧嫁娶都是关中农村重要的外部空间活动，蕴涵文化，其礼仪性是重要的特征，对于适应的空间场所有所要求。蹲景、半边盖、喜好面食，对于民居建筑空间提出要求。蹲景与面食是在关中喜好面食影响下，进餐时端一海碗面，蹲在自家槐院外与左邻右舍一起聊天吃饭。由于面食在于味道调料，如辣子的佐餐，并不需要过多的副食，所以一碗面涵盖一顿饭。面食加工的厨房，由于擀面的案板较大，厨房的空间与设施有特定要求。而临时性的就餐地点，让关中餐厅变得并不重要，蹲在门口与邻居交谈，槐院、硬山墀头、檐口、门楣题字等入口过渡空间更为重要。

2.6 传统关中民居辨析

2.6.1 外在特征

传统关中民居是指在传统农耕社会经济影响下的关中地区特有的居住形态：槐院、门楼、墀头、生土墙、歇阳与单坡屋顶的"窄院"，这些外在特征不同于内在基因，既是构成关中民居的特色要素，又是随时间推移而变化的部分。那么如何提炼关中民居精髓，并寻找其变化规律成为关中民居特征延续的关键。

1. 窄院布局的利弊

窄长院落的空间局促和暗仄以及厦房作为主要居住空间的种种不足，如前文所述存在一定缺陷，尤其面临现代生活的所用所需，不适之处必然面临相应的改善和修订。户户毗连、公墙合脊的宅院组合方式与节能节地的建筑意识仍是当前值得继承的部分。通过改变院落长宽比来优化用地形态，进而重新布局建筑组合方式和朝向，是传统关中民居变化的方向。

2. 单坡屋顶的前景

单坡屋顶作为关中民居的一大特征，不仅具有形象符号的功能，而且兼具生态功能、保温隔热的功效，从某种程度来讲已经成为传统关中民居的模式语言。但是目前传统木构屋架、小青瓦等材料不易获得，手工上瓦费时费力，面临建筑材料的更新和传统技艺的丢失等多方面困境。如何实现单坡屋顶的更新，无论从材料与结构本身都会有所不同，有待于现代建构实践的探索。

3. 砖石木雕的未来

砖石木雕是民居建筑的附加艺术，加工技艺也属非物质文化遗产，对于少数民居精品尚有使用精美雕刻的能力，然而对于广大农村来说，并不可能成为家家户户大量使用的装饰，从前没有，未来也不可能。技艺的丢失当然是现在面临的困难，但附加艺术究竟能够给民居带来什么值得思考。当前，由工匠手工雕琢的传统手工艺品应转化为技术与艺术结合的现代建构产品，如现代民居常用于门楣题字的彩绘瓷砖，延续传统但内容、形式不同，属于传统创新的做法，大量民居装饰需求使然。

4. 空间尺度的变化

传统村落中尺度小巧且兼具安全防卫功能的街巷系统，亲切宜人；街巷形态曲折蜿蜒，在转折与停顿中步入民居院落，自由流畅。小巷与高墙，其小尺度由于与自身的紧密关联而带来更加亲密、融洽的场所感，围合也会带来更强烈的空间感。绝对尺寸与相对比例造就历史尺度，而历史尺度的继承，有利于居住人性化的氛围营造。但是随着时代变迁，现代家具与设施的使用，汽车、农用机械的普及，从空间尺寸、门窗大小到街巷的尺度必然发生变化，小尺度与空间围合关系也要随之适应，却非机械地尺寸复制。尺度作为传承的重要因素，应重视自然地形的起伏与水系、山形的呼应关系，注重私密性与空间层次的营造，在具体宽度与走势上选择适宜尺度、与自然因素融合的空间与环境设计。在外部空间层次上，充分认识到线性街巷的统领地位，同时强化过渡空间与空间边界的塑造。在建筑空间方面，空间尺度的改变以适应现代生活为参照，在空间围合特性上可以有所保留，而对于尺寸的放大不可避免。

2.6.2 生态技术

1. 火炕和土灶、涝池和水窖的存废

火炕是寒冷地区冬季采暖的重要手段，尤其是大量的没有保温措施的新建民居，火炕的作用更加重要，仍然具有强大的生命力。然而旧式火炕灶膛大、灶门大、喉眼大，柴草不能充分燃烧；炕内落灰膛、闷灶、炕洞都很深，搭炕时浪费材料，热量损失大，费时耗能。当前农村土灶作为多种灶具并用，存在燃烧热效率低、烟尘大等缺点，但薪柴廉价又易得，所以仍在被使用。秸秆薪柴体

积较大，谷场、门前屋后都大量堆放影响村落、院落的整洁。所以，炕与灶必须面对变化，提升性能；此外，现代秸秆压缩技术是解决农村燃烧问题的有效途径。

自来水的普及使传统涝池和水窖面临退化，但进行针对性改良之后，依然能够成为本地区雨水再利用和节水的重要措施。除此功能性作用之外，涝池还具有生态小气候调节、美化景观的功效。涝池和水窖是先民智慧的结晶，适应环境的生存之道，依然具有再生的前景。

2. 传统围护构件的现代更新

传统民居的日渐衰败，现代民居生态节能技术的缺失，这些问题的根源是建筑材料与结构体系的现代改进尚未成熟。如生土墙，湿陷性黄土吸湿遇雨易坍塌，作为承重的墙体，其力学性能不佳，不具备抗震、防潮等功能。只有运用新技术提升其抗震、防水、防潮的能力，赋予新的构造、建构方法，变承重为围护构件，才能发挥传统材料保温隔热、低造价、可降解的生态环保功能，将其带入一个全新的应用时代。此外，厚重墙体、重质保温墙体的应用也是具有借鉴价值的，使用蓄热量大的墙体材料，虽然围护构件占据较大空间，然而由于其优越的地域性、经济性、热工性能和热舒适度，也仍是未来农村新民居重要的墙体设计思路。

传统木格花窗通风透气、支摘窗使用灵活，同时具备装饰性与实用性，这是现代门窗可以学习借鉴的方面。但是传统门窗透光性和保温性能差，现代玻璃的运用将极大改善其相关性能。传统围护构件的现代更新，一方面在于传统材料的建构改进，另一方面在于现代建材的适应性应用。

3. 被动式太阳能利用

坐落讲究正南正北、南北通透，槐院、南墙下晒太阳，厚重墙体吸热蓄热等都是被动式太阳能利用的表现。然而由于院落过于狭宅，室内采光不佳，太阳能的利用受到影响。关中渭北高原太阳能富集，太阳能的利用在新民居中将可更为充分地利用，可以弥补传统民居的不足。

2.6.3 内在基因

内在基因是约束外在特征与技术应用的关键性因素，是关中民居得以传承的根本所在。

1. 无法选择的气候

自然气候是无法选择的制约性条件，民居的风貌、空间与材料做法，从内到外都透露出其地域基因。特定气候是属于特定的地域，气候的选择是地域性最为真实的表达。关中民居是适应北方冬季寒冷、夏季炎热气候的一种表现形式，窄院、厚重墙体、单坡屋顶、槐院、高墙就是这一气候选择下的地域建筑语言。气候与地域文化一起塑造着关中民居，而唯有气候以其确定性极大制约着从传统走向现代的关中民居，文化会随着时代变迁，而属于一个地域的气候无法选择。基于本地区自然气候与水土的建筑设计，无论建筑材料与语汇的变化，都会成呈现或创造出关中特有的特征。

2. 顺应自然的建构智慧

关中民居具有就地取材、因地制宜的选材观，顺应自然与水土的气候适应性，共同构成生态节能的建构智慧。根植自然气候的土壤，从泥土、砖瓦中寻求与之适应的材料及其构筑方式，唾手可得的材料与经济高效的利用方式，成就生态节能的建筑。这种建构智慧包括怎样运用地方性材料构成特定空间布局与外部形态以及如何通过适宜性技术创造舒适的居住环境。在思想高度上贯穿于民居的建构过程，在气候资源、社会经济、技术与文化等众多要素中取得协调、平衡的支点，形成顺应自然的建构智慧。

3. 历史文化的浸染

在无外来的重大政治、经济、人口等压力时，民居一般受地理条件的制约，长期维持一定的形态而变化不大。关中地处四关之中，虽经朝代更迭几经兴衰，但自明清以来政治经济环境相对稳定，关中民居也因此具有稳定的历史继承性，表现为传统的力量，传统民居体现得尤为显著，一直被动地处于被侵袭、改造的境地，直至20世纪80年代仍然延续传统关中民居的基本特征。但近30余年农民自发的民居更新改造，让关中传统民居的面貌丧失殆尽。

关中民居的门楣题字、座山影壁、砖石木雕、槐院等特色都浸染于这一方水土，是悠久历史的积淀，既彰显个性又流露出深厚的文化底蕴。水井、涝池，家训、村规，连屋并脊的院落，曲折自由的小巷，都成为与村民密切相关的事物，虽受物质条件、等级制度和封建礼教的约束，但都无法抹杀荡漾其间的默默温情。人性化的空间，因物质的困顿与技术的制约，反而更加回归自然，讲究礼仪教化，进而追求内心世界的平静与富足。传统关中民居和村落由其亲切宜人的物质环境带来深切的人文关怀，成为关键性的内在基因。

4. 关中性格

关中较早进入农业文明，且长期占据中国政治经济文化的中心，"中国的传统文化就是自周代开始在农耕文化的基础上发展来的，并在汉代奠定了基础。'汉文化'，即是以儒家文化、汉族文化、农耕文化为主体的文化。"[91]儒家在关中有着深厚的氛围和漫长的历史，从周公"制礼作乐"，崇尚伦理，到注重法家的秦文化，到汉代儒家文化，再到北宋后的关学和关中理学，在农业文明的基础上，形成了特有的地域文化——关中文化：以儒家正统文化为主体，注重伦理纲常，厚重务实，安分知足，重土恋家，和谐稳定。民风淳朴，崇尚辛勤耕作，注重"耕读传家"（图2-35）。"其民有先王遗风，好稼穑，务本业，故豳诗言农桑衣食之本甚备"[92]。经商意识薄弱，经济实力和生活态度也决定了民居风格的质朴内敛。

同时，关中处在高山、关口、大河的屏护下，形成一个相对封闭的区域，尤其在近代以来，少有外来文化的浸染，越发变得封闭和保守。"麦作农业区直接产生了关中人敦厚、稳重的群体性格，四塞之国的封闭地形导致了关中汉子保守、固执的性格特点"[93]。一方面，关中文化以巨大的内聚力量作用于关中人的心理，使他们讲求人道注重伦理，以农为本，中庸谦和，知足常乐，亲睦平和充满温情，这是积极的方面。另一方面，又压抑关中人的内心，缺乏进取和创新精神，遇事退让遇危求安，这是消极的方面。关中人既拥有了关中文化的优秀传统，又承担起沉重负荷。

生长在关中西部周原的周人首领，因困厄而演周易，演出了天地万物变化之理，也演出了"天行健，君子以自强不息；地道坤，君子以厚德载物"的民族精神。这种精神，影响和熏陶着一代又一代关中人。陈忠实总结"这块土地滋养壮汉"，秦人直，这个直是正直；秦人义，这个义是正义；秦人有气势，这个气势是浩然之正气。

近代陕西才子、比较文学专家吴宓，曾将陕西关中"冷娃"这种群体性格概括为生、冷、蹭、倔。"生"和"冷"是指给人的第一印象往往不好接近，较为沉默寡言，这是一种内敛的生活态度。所谓"蹭"，是土音，有火爆、凌厉的含意。"倔"，是指遇事非争个是非曲直不可。有句俗语"陕西冷娃咥实活"，就是说陕西关中人个性倔强、认真、正直、不屈服。

总结上文陈述，忠厚、质朴、内敛、正直、硬朗这些对于关中人性格的描述，既是关中人的行事风格，也体现在传统关中民居风格特征上。把握关中性格，是对地域建筑创作有所助益的。

5. 经济的制约

在民居横向比较中，经济富裕程度是民居优劣的决定因素。纵观历史，每一个时期都有豪宅与陋室的分别，从盛唐豪宅"累累六七堂，栋宇相连延"到庐山草堂三间两柱、二室四牖，差别很大。运用马斯洛层级理论来分析，经济的制约是民居发展首要的约束条件。传统关中民居体现小农经济下勤俭务实的生活观，更是经济实力制约的结果。所以传统关中民居明显区别于晋商大宅和北京四合院等北方合院民居，从材料的选择到装饰的繁简，从用地的宽度到建筑的形制等方面均有不同。这是不同经济水平下的不同生活模式以及社会地位与等级制度高下带来的差别。在明清时期关中民居是更为原初淳朴，没有太多晋商富贾，没有京城达官显贵，作为百姓居所，关中农耕文明下的居住模式是地道的普通人的家，具有典型性与普遍性，是本原、内在的民居类型。

传统关中民居特征分析表　　　　　　　　　　　　　　　　　　　　　　　　　　**表 2-2**

内在基因					技术范式				
历史继承性	文化观念	经济	等级制度	人文关怀	生土墙	单坡屋顶	梁架	集雨	炕灶
惰性、守土、保守	恋家守土、风水、耕读理想	农业社会、勤俭	森严等级制度	历史文化积淀	保温、隔热、恒湿、透气、生态、廉价	防水、排雨、保温、隔热、透气、储藏	三间五架、抬梁木构	水窖、涝池	土炕、土灶

外在特征							
槐院	门楼	单坡屋顶	窄院	墀头	歇阳	门窗	尺度
前庭空间、邻里交往、槐树街巷	浓墨重彩装饰	内向、联屋并脊	规整狭窄向心	硬山墀头、砖雕	调节庭院空间	木雕	面宽 8～10m，总进深 20～30m 左右。内院高宽：约 0.9；长宽比 3～4。开间 3.2m

　　传统关中民居在渭河平原的沃土上孕育而生，从史前文明到秦汉、隋唐的辉煌，悠久的历史文化和特有的自然条件塑造了风格独具的民居类型。分析关中民居在各历史时期的演变轨迹，把握发展脉络，可以归纳出其内在本质为：在生产力、文化观念、经济与礼教的制约下，重耕读而求实务本、守土恋家。由礼教而中正，由黄土而厚重，由历史而古老。源于自然风土，珍视可贵水资源，产生生土墙、火炕、涝池、水窖等传统技术范式，蕴含生态经验与智慧。关中民居平面布局规整、对称、纵轴贯通；庭院狭窄，空间紧凑；内外有别、分区明确；空间具有模式化、强限定性的特征。外部空间，以槐院等过渡空间和线性街巷为主要特征，开放空间略显不足。在因地制宜、物尽其用的材料、构造观和建构习俗引导下，形成地域技术范式：厚重墙体、单坡屋顶和窄长院落。发展出雨水收集利用的水窖和涝池，生土利用的土墙、火炕和土灶，也创造出建筑自遮阳、被动式太阳能利用与自然通风等适宜生态技术。蕴含风水环境观念、宅院身体观与气候适宜性的绿色设计思想。地域文化塑造着关中民居，门楣题字、座山影壁、砖石木雕等民居特色都受历史的浸染，既彰显个性又流露出深厚的文化底蕴，并转化为人文关怀，这些都是关中民居得以传承的重要因素（表2-2）。

　　随着时代的变迁，其外在特征与技术选择都在变化，应在批判中继承，但其蕴含的地域文化、建构艺术、顺应自然的营建思想仍然是今后民居建设中应秉持并发扬的精髓所在。

现代关中民居是指在现代社会经济等因素影响下的关中农村的居住形态。关中农村在社会变革的冲击下，面临建筑技术与空间、生活方式等多方面、深层次的变化与演进，由此产生了诸多现实问题与发展契机并存的现代关中民居。由于缺乏充分研究与有效引导，民居走向盲目、无序的"多元化"发展趋势，深入的调查研究与剖析将揭示出其问题的症结。

3.1 农村社会的变革

3.1.1 社会经济发展

"新中国成立以来，关中农村政治经济文化发生了巨大变化，但是总体上这种变迁属于一种计划变迁，变迁的动力不是来自于乡村社会内源性力量，而主要来自于自上而下的国家政权，在农村强力推行其方针政策时所发动的一系列社会改造和社会变革运动"[94]。关中农村相对于东部沿海地区而言，种植业仍然是多年来的主要生产方式和经济来源。随着改革开放对农村生产力的解放，尤其是近年来，国家加大农业扶持力度，农村面貌由于新农村建设的辐射作用有了很大改善。富裕起来的农民从20世纪90年代到近几年，经历了数次新建民居的热潮。现代农业生产和生活方式的改变带来新的发展契机，呈现出新的发展趋式，伴随着这些变化，农村的居住既不同于以往又不同于城市。

十八届五中全会提出："维护进城落户农民土地承包权、宅基地使用权、集体收益分配权，支持引导其依法自愿有偿转让上述权益。"通过流转可以促成土地相对集中，实现规模化经营，加快农业产业化进程；同时可以打破小农经济壁垒，形成相对集中的中心村、中心镇、农村社区，带来生产与居住的分区与分离，村落之间的功能定位也会出现区分，同时配备较为全面的道路、管网、商业、教育、医疗、文娱等基础设施和配套。

同时，也应当认识到在西北农村经济欠发达的现状下，让农民保有土地是保障生存的底线。居住形态的改变必须是一个循序渐进、漫长的过程，是居住理念、实体空间、技术与设施的渐进与改进，是展望未来产业化、集约化与立足当前二元经济结构并存的社会发展阶段。

3.1.2 新型城镇化

我国正在进入新型城镇化发展时期[95]，《国家新型城镇化规划（2014～2020年）》揭示了要从高速度、快增长、规模扩张的粗放型发展模式向注重品质的小规模渐进模式转变，更为注重城镇化水平与质量的同步提升，重视均衡发展和社会公平。

目前的新型农村社区、中心村[96]、新市镇等建设方式，是当前城镇化进程中农村社会变革的多元化实践，是分散居住形式向社区化过渡的有益尝试，也是实现城乡一体化目标的重要措施。中心村和新型农村社区建设不仅促进人口的转移、土地的流转和产业结构的提升，也是提高生活质量和基础设施、服务设施共享程度的重要途径。近年来，生态脆弱地区退耕还林、移民新村建设、优化农村基础设施分布和配置等方面成效显著，但建设过程中也暴露出一些不足之处：

1. 缺乏县域范围的系统预测规划，规模确定较为草率盲目。部分社区规模超大，启动后由于吸引力不足而停滞下来，带来浪费。应根据经济水平、村民意愿、发展阶段等综合因素，科学确定县、镇两级村落规划选址，确定建设规模，在此基础上对原有村落更新改造，分阶段逐步实施。

2. 单纯的居住需求较为普遍，没有充分考虑产业依托和转化，导致居住地无法就业，耕种要回到原村落，庭院经济也受到巨大影响。

3. 集中、高密度的中心村对生态环境压力加大，垃圾、污水等市政配套设施不到位，居住环境治理不足。盲目效仿城市住区，脱离农村生态环境，成为隔绝自然的孤岛。亟待加大农村基础设施投入，落实能源与循环利用系统。

4. 由于长期形成的独立村落之间存在文化习俗差异，甚至家族姓氏等方面的问题，村落合并没有充分考虑融合问题。应该是一个打破原有传统，并建立新型秩序的过程，文化的转型需要时间，邻里的默契需要磨合，加强社区管理、树立新文明和制约机制至关重要。

5. 集中建设带来新村建筑风格和地域特色缺失问题，看似表面现象，但深层次的根源是规划、设计及建设管理的力量薄弱，引导不足。集中短促的建设周期是其客观制约因素，需分阶段、有步骤地逐步实现村落的集中与合并，更为充分地理解并塑造不同地域特有风貌。

西北地区城镇化质量相对薄弱，起步较晚，转型模式也欠成熟，上述问题在关中农村和移民新村建设中也同样存在，作为历史文化底蕴深厚的地区，同时面临经济发展相对落后的困境，加之生态环境也较脆弱，总结发达地区农村建设的利弊，对于关中农村的建设具有借鉴意义。提倡小规模、渐进式的发展模式，避免急功近利、一蹴而就，不应给自然生态和乡土文化遗产带来破坏，不应与文明进程相左。

3.1.3 生产方式变化

2011年初，农业部发布消息：2010年，我国农作物耕种收综合机械化水平达到52%，这标志着我国农业生产告别了以人畜力作业为主的时代，进入了以机械化作业为主的新时代。农民的生产生活条件得到了极大改善，农民一改往日"面朝黄土背朝天"的劳作状态，田野里处处可见驰骋的"铁牛"。快捷高效的机械化农业生产，节省人力，改变了传统耕作半径与规模，人和土地的关系发生了变化，直接推动农村科技化、规模化和产业化的生产与生活格局的形成。科技、高效、规模化的生产方式带来集约、现代化的生活方式。

机械化收割机让传统晒场、谷场逐步消失，但造成收获季节的加工晾晒场地不足，侵占村落道路、占用其他功能空间的现象非常普遍（图3-1）。仓储与加工空间由于其大量性、季节的反差性，导致其利用效率低下；再者是收放的便捷性，房前屋后堆放的柴草、树枝以及大型农用机械的停放等，带来了一系列院落与村落景观杂乱与卫生问题。此外，仍然存在以家庭为单元的生产模式，带来院落居住、养殖、储藏、生产功能混杂（图3-2，图3-3，图3-4），这在经济欠发达地区较为普遍。

图 3-1　收获时节的村道

图 3-2　到处堆放的苹果

图 3-3　养殖居住混杂

厨房

厦房

图 3-4　农宅仓储现状

车棚

近期农村民居依然要担负起生产和生活的复合功能，未来农业产业化发展要求规模化种植和农产品加工，可逐步实现居住与生产分区设置，形成较为独立的居住区，农村社区化将会成为发展趋势。

3.1.4　村落形态变迁

交通条件影响经济发展水平，靠近集镇、城市的村落或靠近公路（省道、县道）的村落，拥有更多的交通、信息优势和发展机会，成为新建村落或社区选址的首选。由于注重道路建设，进村公路和村道基本实现了水泥路面，村落的发展从受土地和水资源的制约，逐渐转向对交通的依赖。但现实中将这种村落对交通的依赖转化为民居个体的依赖，导致新建民居一拥而上、夹道布置于交通干道两侧，看似信息畅通，人来人往、红火热闹（图3-5），其实是导致了交通事故频发，严重影响交通顺畅和村民人身安全；宅基地标高往往高于道路，不利于排水通畅，影响道路养护。产生原有村落形态破坏，基础设施配置难度增大等一系列问题。

新建村落道路笔直宽阔，尺度失衡；民居建筑过于整齐划一，多为沿街道行列式布置，缺少有机组合与景观设计，导致街道景观枯燥，与周边环境的衔接生硬，缺乏节奏和变化。尤其是新建移民新村（图3-6），大多在数月内形成规模，简单照搬，造成一排排单调的"兵营式"布局，形成"一条街道两层皮"的现象，仅重视东西向的延伸和道路设置，而南北向道路联系不足，缺少在村落纵深方向的组织，不利于邻里往来与防灾疏散。

在改革开放后的几次建房热潮中，放弃旧址新建宅院较为普遍，特别是近年

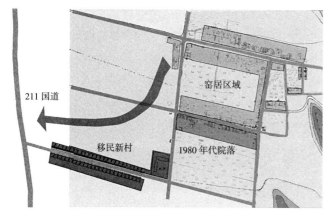

图 3-5　淳化仙家村用地
变迁

图 3-6　澄城柏门村和淳
化仙家村移民新村

来农村人口缩减的势头加快，引起部分村落"空心化"加重，土地资源浪费加剧，亟须科学合理的预测、引导以及对废弃庄基地处置的政策与措施跟进。

新民居建设应由无序发展改变为科学指导下的村落统一规划，倡导科学合理的聚居方式。应改善目前村落道路线型与配置，调整路网设置与民居组合方式，设置适宜的道路骨架与合理的间距。

3.2 居住形态转变

3.2.1 发展阶段

回顾关中农村民居的发展，随着社会经济的变化而变迁，大致经历了三个阶段：20世纪80年代之后是现代民居的开始，成为关中新旧民居的分水岭。其二是20世纪90年代至20世纪末，伴随改革开放迎来长足发展，掀起第一次新建房屋的热潮，同时面临文化与传统的丢失。其三是进入21世纪以后，随着农村经济的跨越发展与社会文明的进步，伴随着城镇化步伐、新农村建设、生态保护、移民搬迁、农村社区等重大战略的实施，惠及民生的民居建设项目得到空前的重视，带来了第二次新建房屋的高潮，但也是居住问题丛生的时代。尤其近10年是民居建筑发生根本性转变的时期，表面上看来是传统材料和技艺的丢失使然，而事实上现代化、城市化的脚步已经在观念上改变摧毁了乡土社会和传统价值观。从另一个角度来看，当前政府加大力度扶持新农村建设，民居建设方兴未艾，带来了关中民居深层次变革的契机与动力。

在居住形式上，20世纪80年代之前基本上沿用传统民居空间布局，沿纵轴发展狭长布局，厅堂由原来礼制功能转化为生活功能，厢房变成厨房、仓储、饲养等生活与农业辅助空间，地位与重要性降低。20世纪80年代之后，农村经济大幅增长，导致民居的空间布局发生变化："'前场+后院'式民居在这时期开始出现……把原来的半私密空间转化为半公共空间……在建筑形式上也已抛弃了传统民居的严格对称布局……住户根据自己的实际需要对厢房、门房格局和功能进行调整；晾晒等的一些生产辅助性功能也开始在前院出现。后院的生产辅助性功能更加完整……改善了村容村貌，使以前狭窄闭塞的形象大为改观"[97]。近年来，随着新农村建设的深入，农户院落较少晾晒谷物而成为堆放物品的场所。生活设施的改进，家用电器的普及，卫生状况的改善以及商品能源的需求加大都让农村居住发生转变。

3.2.2 居住人口的减少

目前关中农村进城务工普遍，农村户籍人口不等同于农村居住人口，年龄段在50岁以上的中老年人成为在家从事传统农业生产的最后一批农民，这是真正意义上的常住人口。在澄城县雷家洼村两个村民小组的调查统计中发现，一、五组共75户，未来仍有可能居住在农村的占57%（43户），而户主的年龄段正集中在40～50岁；而不在农村居住的占43%（32户），户主年龄在60岁左右，其子女多半在城市立足，未来庄基地将闲置。40岁年龄左右的中、青年人在相当长的时间内在城镇打工，进入老年后如不能在城镇立足将会返乡，而其中上大学与获得技能的青年人在城市发展的可能性较大，而更为年轻的一代未来回村居住的可能性则更低。此外，进城务工人群中在临近城市、县城或城镇就近务工的比例较大，农忙时回家务农，城乡两栖，成为农村短暂居住人口。这一部分人知识水平有限，并且不具备某种技能，在城市生活较为艰难，与农村的关联更为密切，成为农村潜在的长期居住者。

农业产业化发展到将会出现以农业生产为职业的产业工人，这一部分人也仍将居住于农村，类似于苏南模式中就地就业的现象。目前村庄规划设计中人口规模的确定基本是维持现状人口，长远来看农村居住人口将进一步减少，但不会短期内骤减，这是一个漫长的过程。人口的相对稳定和逐步缩减使民居建设从量变向质变转化。

根据以上数据分析，农村在近20年之内将面临巨大的变化，伴随着人口老龄化和数量逐步减少两大问题，对于留守儿童、空巢老人的人文关怀、守护相望与邻里交往更显重要。

3.2.3 宅基用地

农民对于耕地十分珍惜，然而由于多年来宅基地的划分缺乏科学的规划指导和管理，与使用需求有矛盾，导致出现宅基地的长度和宽度增大，实际居住用地过大的现象。当前关中大部分村落仍以农业种植为主，工业产业欠发达，剩余劳动力大量输出，常住人口数量明显下降，部分旧宅院闲置的问题也很突出。陕西省每户宅基地最高标准：城郊2分（133m²）、塬川地3分（200m²）、山地丘陵4分（267m²）[①]（表3-1），多以用地10m×20m为主。陕西省国土资源厅2008年6月调查数据：农村村庄人均用地187m²，户均宅基地面积为0.48亩。在调研中发现渭北旱塬地区实际用地多在4～5分地（260～330m²左右），每户面宽是给定的10～11m，但长度不易控制，长的可达30m以上（表3-2）。礼泉白村民居1（图3-25）、小高村高应东宅（图3-29）就是如此。

虽然关中窄院格局形成已久，但不合理的用地长宽比，造成村落和民居功能不完善、村落景观单调和土地的浪费等多方面的问题。较窄小的用地宽度出现客厅、起居室等较大开间的房间并置时空间局促的现象。小面宽大进深的宅基地，形成单向无限延伸的宅基，既浪费土地又加大村落其他街道布局的困难，导致出现村落景观一条街道两张皮的现象，影响村落整体格局的形成。

宅基地用地标准表 表3-1

名称	用地标准
住房和城乡建设部规定	约 2.25 分（150m²）/ 户
陕西省户均标准	城郊 2 分（133m²），平原 3 分（200m²），山地 4 分（267m²）
关中各县标准	3 分（200m²）/ 户
陕西省国土厅调查数据	4.8 分（320m²）/ 户

宅基地实际用地面积表 表3-2

名称	用地	名称	用地
礼泉白村民居 1	10m × 30m=300m²	渭南万家村民居	9.5m × 30m=285m²
礼泉白村民居 2	10m × 20m=200m²	户县骞王村民居	10m × 20m=200m²
礼泉小高村高新群宅	10（11）m × 20m=200（220）m²	户县东韩村民居	10.5m × 17m=179m²
礼泉小高村高应东宅	10m × 33m=330m²	澄城蔡代村杨宅	11.5m × 23m=267m²

3.2.4 宅院组合

由于村落人口规模的不同，小村以道路为骨架，在村道两侧划分宅基地，户户毗邻，宅院的组合与传统村落相类似，但在绝对尺寸与环境设施上区别较大。新村与新社区，由于规模较大，宅院组合更为密集，总体布局多为行列式。在调研的各地"样板"村中，具体布局形式可分为前街后院式和前后院式（图3-7）。前街后院式，建筑临街入户即为客厅、起居室，杂物小院在建筑后部。后院之间

① 引自《陕西省人民政府办公厅转发省国土资源厅关于加强农村集体建设用地管理促进社会主义新农村建设意见的通知》陕政办发〔2007〕4号。

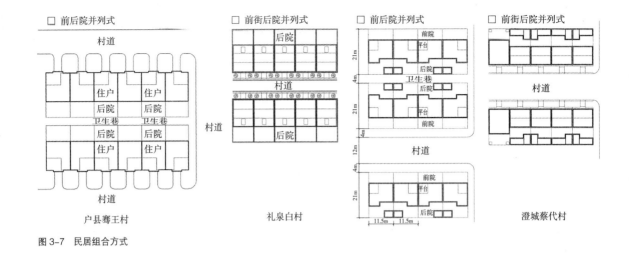

图 3-7 民居组合方式

为了农用车辆进出方便，往往设卫生巷开启后门。前后院式，建筑前后均设有院落，尤其住户人口有过渡缓冲庭院，提供更为舒适的居住环境，但是用地较大不经济。宅院组合无论前宅后院还是前后院式，都是棋盘式较为规整的组合方式，在布局灵活性与空间组合方面仍有较大的改进余地。

3.3 建筑技术演进

3.3.1 材料更替

砖混结构成为主流，墙体以承重的实心黏土砖（红砖）为主，一般以水泥抹灰饰面、瓷砖贴面或清水砖墙（图3-8，图3-13），有的地方如户县使用混凝土砌块、水泥砖（图3-9，图3-10）。合阳县灵泉村由于历来精于营建，新建民居沿用老建筑的材料（主要是木构架与砖、瓦）新旧拼合，建筑风貌透出与传统的关联，而普通村落由于选材、结构体系的一致而外观形态趋同。土坯与夯土墙不再为民居建筑所使用（图3-11），仅见于界墙、矮墙等附属构筑物。

图 3-8 关中各地现代民居外观

门楼高大以瓷砖贴面，户门多为金属防盗门（图3-12），尺寸2.8m（宽）×3.2m（高），价格在3000元左右，附加门楼则造价在7000～8000元。前些年较流

礼泉县小高村民居

户县冀王村民居

澄城县雷家洼村民居

图 3-9　户县水泥砖

图 3-10　东韩村水泥砖民居外观

图 3-11　废弃的土坯房

图 3-12　现代民居门楼

行2.6m（宽）×3m（高）的大门，追求高大门楼的愿望没有改变。门楣处镶嵌祝福语句和彩色图案的瓷砖，题字的内容也多为：贵在自立、勤和家兴、天赐百福等，内容从"耕读"理想转变为通过劳动而获得财富的愿望。

　　现代建材以白瓷砖为代表带来光洁的建筑表皮，相对于砖与土的粗糙质感反差较大，内墙以白色涂料为主，整洁明快。光滑质地的不锈钢栏杆和防盗门窗、铝合金窗（木门窗也较常见）、通透的玻璃大面积使用，窗的尺度的扩大让玻璃带来良好采光。

　　抬梁式木屋架、三角钢木屋架不再普遍使用，预制空心楼板是目前农村大量使用的屋顶材料，导致屋顶形式向平屋顶形式转变，新建房屋中两层楼房比例增大。预制空心楼板和实心黏土砖从根本上改变了民居形式，也改变了建筑空间尺度和组合关系，开间跨度接近6m的预制楼板在农村并不罕见，但其钢筋配置往往不符合国家规范要求，施工过程中屡屡发生断裂的事故。同时如此单一的材料选择，难免带来建筑面貌的雷同。

　　部分民居的屋顶依然使用木屋顶，一般是从以前老房子上直接拆除下来的，礼泉县白村、合阳灵泉村等民居正房的坡屋顶沿用老屋的木构架，覆以小青瓦或机瓦（图3-13中的灵泉村民居）。一些民居也出现砖木混用的坡屋顶，例如户县

合阳灵泉村民居　　　　　　　　　　　　　　　　户县骞王村民居

图 3-13　新旧民居外观

图 3-14　骞王村民居阁楼

骞王村家家户户从外观看来都是坡度平缓的坡屋顶（图3-13），然而内部结构不是完全的木构架，在二层预制楼板上用短砖柱或混凝土柱支撑木檩条，上覆以红色机瓦，形成低矮的阁楼可堆放杂物（图3-14）。此外，还有钢筋混凝土浇筑的坡屋顶，与城市建筑用材及构造方式相似。

目前新建房屋的铝合金门窗气密性强而保温性能差，240mm厚黏土实心砖墙体保温性能不佳，建筑层高4m，采暖能耗大。调查中发现一般是老年人习惯在老房子中居住，搬到新家后易感到憋闷，这就是当前门窗材料和墙体材料气密性较好导致房屋呼吸功能减弱的现象。疏松而非致密，土坯墙优于黏土实心砖，草泥灰瓦胜于预制混凝土楼板；粗糙而非光洁，支摘窗胜于铝合金窗；低矮而非高大，小窗优于大窗，现代建材并没有带来舒适的居住环境。

经济性与可操作性是目前建筑材料选择的主因，材料的更替决定了建筑结构与风格的变化。目前，传统材料因不易获得、不愿使用等原因逐渐淡出历史，出于省钱目的而选用较低等级的现代建筑材料，同时新型材料尚未完全掌握如何使用，处于现代化的初级阶段。挖掘地域性原材料优势，通过现代工业方式生产是解决传统材料现代化的有效途径。应建立农村建材质量保证体系，确立质量监管机制，工业化仍应是未来农村建材生产的主要方式。

3.3.2 建构手段

在农村，建房几乎成为基本技能，一方面在进城务工的农民中，从事建筑行业的劳务比例较高，青壮劳力多数具有简单的建房手艺；另一方面房主一家也亲力亲为节省开支。澄城县雷家洼村的雷铁锁原本从事电工，自宅的建设过

图 3-15 雷铁锁自建家宅

程一手包办（图3-15）。然而这种技能、手艺由于缺乏系统学习而无法达到熟练掌握的程度，本着经济节省的原则也无所谓质量的追求。建设过程分工简单而快速，土方量小，以泥瓦匠和木工这两个工种为主。砖混结构是主要结构形式，普遍没有抗震、防火、防灾等方面的设防措施。墙体一律为240mm黏土实心砖，保温隔热构造很少涉及。泥瓦匠负责建筑主体施工，由于砖墙砌筑工艺不高（砖的规格也不规范）带来粗糙的砖墙，所以一般用水泥抹灰饰面，经济较好的家庭更为推崇瓷砖贴面。木匠一般是门窗制作和简单的内部装饰，水电部分多由半专业的管道工实施。雷家洼村的雷安民与雷建民兄弟俩就是本村承揽修建的"专业队伍"，不分工种：大工工费75元/天、小工45元/天，按天收费。在修建过程中材料费占到总造价的约70%，工费约30%，如果房主参与的工作较多，工费可缩减至约20%。总体上当前农村尚不存在理论意义上的现代建构，也无法回溯传统匠人的精湛技艺，如何建构是尚需确立、有待摸索的民居实践途径。

3.3.3 资源利用

1. 水

关中地区属典型内陆性气候，雨量较少，总体水资源匮乏。然而关中地区季节性集中降雨量大，尤其是在夏秋季7～9月（表3-3），降雨量达全年半数，有利集中收纳、储藏。以每户占地3分（200m²）计算，则仅在7～9月收集的雨水就可多达500～600m³。虽然自来水已经普及，但由于农村公共管线管理不到位，在渭北部分村落的庭院依然保留了水窖，将其当作水箱储水，解决时常停水的问题。同时将水窖收集的雨水作为庭院绿化及浇洗用水，缓解并节约对于地下水的使用，降低成本，按需所取，物尽其用。鉴于上述自然条件与客观因素，雨水收集与利用应成为本地区重要的水资源利用方式。

渭南市各县历年（1971 ~ 2000 年）各月平均降水量（mm） [①]　　表 3-3

区县	1	2	3	4	5	6	7	8	9	10	11	12	全年
华县	5.3	9.7	27.2	45.9	58.9	63.8	94.8	94.3	91.5	62.4	24.5	5.1	583.4
华阴	5.2	8.4	24.1	42.5	56.9	63.7	107.9	95.0	91.0	58.6	21.4	4.8	579.7
潼关	6.2	9.0	26.2	45.6	60.1	61.9	113.2	94.7	89.6	58.0	22.3	6.0	592.7
大荔	4.6	8.0	21.4	34.6	43.3	52.6	87.9	93.6	74.9	50.2	18.0	4.3	493.5
富平	4.6	8.6	23.6	37.4	48.4	49.4	99.0	80.7	87.3	48.9	20.8	4.8	513.5
蒲城	4.7	8.5	20.8	34.7	45.5	56.4	104.2	101.1	74.7	47.9	18.6	4.8	521.8
白水	5.3	9.6	22.1	36.1	46.6	57.8	128.5	111.8	80.9	46.4	18.9	5.5	569.5
澄城	4.6	7.6	20.6	35.0	43.3	54.9	109.6	103.3	76.8	45.1	17.4	4.4	522.6
合阳	4.6	8.5	21.7	34.9	48.7	57.2	112.1	98.1	75.9	48.5	18.9	4.2	533.3
韩城	5.7	9.2	24.9	35.1	51.3	61.9	113.6	121.1	73.8	45.3	19.1	5.5	566.5

2. 太阳能和沼气

关中地区是太阳能辅助采暖适宜区（表3-4），民居院落形式接受日光便利且遮挡少，应大力推广太阳能利用技术，但是实际情况并非如此。虽然太阳能热水器已经较为普遍（图3-16），然而被动式太阳房等成熟技术尚未普及。太阳能热水器的安装使用也出现一些问题：破坏屋顶防水与保温隔热构造、影响建筑外观，甚至造成安全隐患，这些都不利其推广。应在设计环节考虑热水器的使用，在建筑空间与构造上妥善处理设备与建筑的关系。

在日照强度较大的渭北地区太阳能利用前景良好，调研中发现澄城县有住户自己加建的阳光间（图3-17），于20世纪90年代末建造，宽1.5m，罩住整个正房

图 3-16　太阳能热水器

图 3-17　澄城县民居阳光间内外

① 数据来源：渭南市气象局。

　　　　　　　　　　　　　　　农村新民居模式研究——以陕西关中民居为例

的南立面，设可开启窗扇，造价8000元，使用效果良好，冬暖夏不热，成为室内外过渡空间。住户认为宽度较窄不便行走和休闲活动，如能加大至2m更好。关中冬季晴好天气较少，日照强度不高，采暖完全依赖被动式太阳能技术尚存在一定难度，上述日光间的做法值得借鉴。辅助采暖也可起到节能作用，增加过渡空间享受日光也是有益的太阳能利用方式。

渭南市各县历年（1971～2000年）各月平均日照时数（h）[1]　　　表3-4

区县	1	2	3	4	5	6	7	8	9	10	11	12	全年
华县	130.0	129.4	146.9	177.7	204.8	203.4	214.4	209.7	146.7	133.2	119.0	121.9	1937.0
华阴	139.9	138.2	154.7	187.8	216.9	215.5	219.9	217.9	162.5	144.4	131.7	131.1	2060.4
潼关	145.5	142.0	161.5	189.8	213.9	212.2	213.7	208.9	165.9	154.8	148.6	150.5	2107.4
大荔	162.6	150.7	164.7	200.4	231.4	229.5	241.3	236.0	175.8	169.3	158.3	165.0	2284.9
富平	170.6	157.1	169.9	205.6	238.3	232.2	247.0	246.3	179.6	172.9	161.8	171.1	2352.3
蒲城	169.2	151.4	163.6	192.6	224.4	219.2	228.6	225.3	170.1	164.8	161.1	172.6	2242.9
白水	183.8	159.7	170.4	204.4	232.4	221.0	221.5	218.8	171.0	172.9	171.2	182.4	2309.5
澄城	189.7	172.8	186.5	219.0	252.3	243.1	247.4	246.0	191.1	188.1	179.4	189.4	2504.8
合阳	180.7	163.8	181.9	218.6	251.4	242.8	245.6	241.9	192.5	186.2	180.1	185.2	2470.8
韩城	178.3	164.1	175.1	206.5	239.0	230.3	224.2	225.0	183.0	178.4	166.5	174.6	2345.1

礼泉县白村、澄城县蔡代村等省市各级新农村示范点已经逐步开展沼气的推广，沼气的应用同样面临寒冷季节产气不稳的问题，但通过技术改良完全可以解决。沼气和太阳能的普及尚需时日，以政府补助的形式提供初期投资将有利其推广。目前陕西省农业厅在潼关县进行集中沼气的试点，利用养牛场资源优势，建设集中沼气池，通过管道供应到户，是农村清洁能源的发展方向。

3. 采暖炊事用能

关中农村能源消耗主要在冬季采暖用能，因缺乏保温隔热措施，即使采用煤炉取暖，室内温度平均维持在10℃左右，主要靠增加衣服来保暖。采暖用块煤，1000块约1吨左右，花费500～600元。虽然商品能源的消耗量呈上升趋势，但农村用能的一大特点是采暖与炊事用能结合得较好，煤炉在采暖的同时兼为烧水、做饭所用，同时还可加热火炕。目前农村能源消耗虽然相对于城市较低，但是以低舒适度为代价，随着经济水平和需求的提高，农村采暖需求必然带来更为巨大的能源消耗。

另一方面，经济杠杆调整和减少了商品能源的使用，农民保留了很多传统用能方式：燃烧秸秆，用土灶、火炕，形成与商品能源并行使用的习惯。简单地重拾秸秆薪柴方式终究是临时举措，并不代表先进的能源利用方法。目前，寻找可替代高昂商品能源的生物质能和太阳能等可再生能源，探索其适用方式是解决能

---

① 数据来源：渭南市气象局。

图 3-18　四处堆放的垃圾

源使用问题的当务之急。

家庭取暖做饭的主要能源依靠薪柴、煤与罐装煤气，或热效率低或成本高。厨房中多种厨具并存的现象普遍，占据较大空间，$10m^2$以上的厨房依然无法解决就餐空间的面积。土灶烧水、蒸馍、熬粥，使用秸秆或是果树剪枝等农作物副产品；煤气灶干净快捷，但价格较高（80~90元/罐）；电磁炉在近两年兴起，电价较煤价涨幅低，故也成为其替代用品；沼气节能廉价，但初装费用较高，且面临冬季寒冷沼气量不足的问题。纵观上述几种炉灶各有利弊，无论是哪一种都无法独立完成农户对炊事灶具的全部需求（图3-29）。

4. 垃圾处理

由于果树套袋、蔬菜大棚等农用塑料制品普遍使用，田边地头遍布塑料薄膜和塑料袋，白色污染形势严峻（图3-18）。基础设施滞后，缺乏固定的垃圾堆放点，缺乏污水归集和有效处理措施，管理也较为薄弱，对村落居住卫生环境造成隐患。

3.3.4 热工性能

关中农村民居热舒适度偏低，尤其是冬季气候寒冷，保温与采暖问题突出。2007年12月31日、2008年2月15~18日之间，分别对礼泉县赵镇小高村民居热工性能进行了测试[①]，期间天气晴好，日照强烈，昼夜温差大，属典型的关中地区冬季气候。选取具有代表性的16日作为分析日期，得出以下数据及其分析（表3-5，图3-19~图3-23）：

建筑均为单层，层高4m；四间房屋在外墙材料、朝向、是否有局部热源等方面存在差异；其中，A、B、D点房间为南北朝向，C点为东西朝向；B点房间内有火炉作为采暖热源，其余房间均无；外墙裸露，无保温材料；围护结构主要参数见表3-5。

测试日室外空气温度在7:00时到达最小值-3.4℃，14:00时到达最大值6.5℃，全天平均温度为1.6℃。B点有火炉作为热源的室温高于其他房间，由于火炉傍晚时加一次燃料，因此24小时内B点室温呈现从傍晚由于做饭开始升高，随着燃料

① 在刘艳峰教授指导下，本书作者与王登甲等同学共同参与该调研工作。

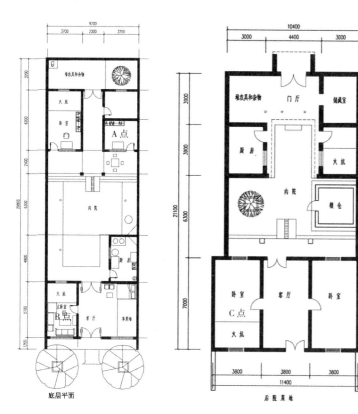

图 3-19 礼泉小高村高应东宅

图 3-20 礼泉小高村高新群宅

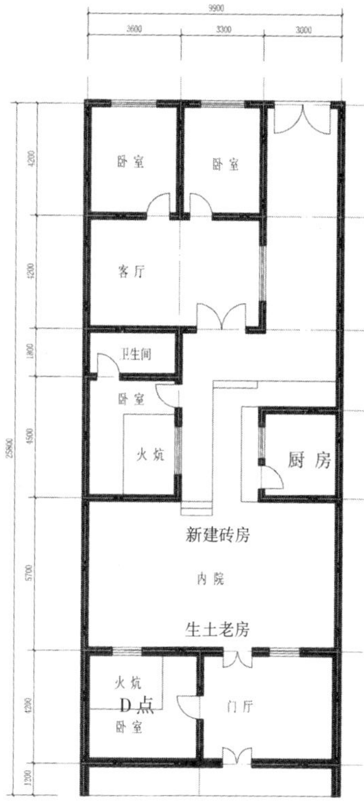

图 3-21 礼泉小高村高应举宅

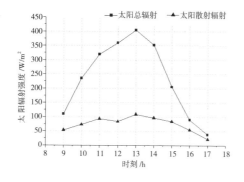

图 3-22 太阳辐射强度变化曲线图

图 3-23 室内外空气温度变化曲线图

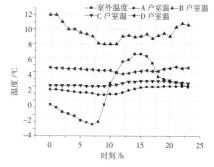

① 依据《严寒和寒冷地区农村住房节能技术导则(试行)》农村住房主要房间冬季采暖室内设计计算温度为:14℃~18℃。

用尽,室内温度有降低的趋势,全天平均温度为9.5℃。其他三个测试点室内温度存在差异,A、C、D点室内全天平均温度分别为1.5℃、2.3℃、4.3℃,A点长期无人居住温度最低;D点外墙为夯土墙保温隔热性能较好,室内基础温度波动幅度在0.7~1.3℃之间,表明外墙具有一定的保温蓄热性能。由以上数据可以看出,即使有火炉采暖,房间室温也达不到采暖规范中的室内14℃①的低限,不足10℃的温度不能满足人体热舒适的基本要求。

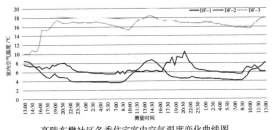

高陵东樊社区冬季住宅室内空气温度变化曲线图

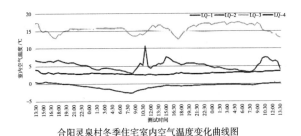

合阳灵泉村冬季住宅室内空气温度变化曲线图

图3-24　冬季室内温度变
化曲线图

礼泉小高村民居围护结构热工参数一览表　　表3-5

围护结构	房间	A点	B点	C点	D点
外墙	材料	实心黏土砖	实心黏土砖	实心黏土砖	夯土墙
	厚度（mm）	240	240	240	400
外窗	方向	南向	南向/北向	东向/西向	北向
	面积（m²）	3.24	4.5/1.74	2.25/2.25	1.82
	形式	单层玻璃窗	单层玻璃窗	单层玻璃窗	单层玻璃窗
	窗框材料	铝合金框	木框	木框	木框
屋顶	屋顶形式	无吊顶平屋顶	有吊顶坡屋顶	有吊顶坡屋顶	无吊顶坡屋顶
	屋顶材料	空心楼板	泥、瓦	泥、瓦	泥、瓦
是否采暖		否	是	否	否

测试点所在建筑的体型系数：经计算礼泉小高村高应东宅正房（A点所在建筑）的体型系数为0.78；高新群宅正房（C点所在建筑）的体型系数为0.71；高应举宅门房（D点所在建筑）的体型系数为0.93。

测试点说明：

A点：礼泉小高村高应东宅，正房东面房间，建筑平面详见图3-19；

B点：礼泉小高村高应东宅，门房西面房间，建筑平面详见图3-19；

C点：礼泉小高村高新群宅正房，建筑平面详见图3-20；

D点：礼泉小高村高应举宅门房，建筑平面详见图3-21。

2016年1月的测试数据（图3-24），源于高陵东樊社区和合阳灵泉村。高陵东樊社区的测试时间是2016年1月13日～15日，室外温度-5～4℃。位于灵泉村测试点测试时间是2016年1月18日～20日，室外温度-7～3℃。测试周期均为48h，数据记录间隔为半小时。测试内容为室内空气温度以及相对湿度，所有测量点设置高度距地面为1m，测试仪器为Testo-175H1。其中DF-3与LQ-3均为添加采暖措施的房间的实测温度，DF-3为水暖，LQ-3使用空调取暖。

由此可以得出结论：关中地区冬季寒冷，室内温度不足10℃，热舒适度差。民居建筑需加强围护结构的保温隔热性能，同时为提高室内热环境，冬季必须有采暖设施。而鉴于本地区的太阳能资源，应结合被动式太阳能利用作为辅助热源以降低能源消耗。现代民居建筑的体型系数普遍大于0.7，大于农村住宅0.55的节能标准，是不利于节能的建筑形体，应通过增加层数、联排建设、增大进深等措施减小建筑体型系数。

3.4 建筑空间变化

3.4.1 类型分析

1. 纵深延续型

纵深延续型，就是在传统民居布局基础上的空间功能更新，合院的形式未变，以三合院和两合院为主，有房有厦，建筑在平面上纵深发展，用地进深较大，属于传统延续的一种方式。在格局和村落肌理上都继承传统，类似于传统关中窄院。但院落空间尺度、房与厦的具体使用功能和空间都与传统不尽相同。例如：礼泉县白村、澄城县雷家洼村和合阳县灵泉村等，建村历史较长的村落都大量存在这一类民居（图3-25，图3-26，图3-27，图3-28），在用地、建筑格局和外观等方面与传统关中民居较为类似。

2. 渐进组合型

渐进组合型在纵深延续型的基础上变异程度加大，是从平面纵深发展向空间发展的过渡阶段，用地进深有所减少。正房成为主要居住空间，进深和开间均加大，空间划分逐渐复杂，强调空间的组合性，包括客厅、卧室、卫生间、杂物等多种功能空间。弱化的厦房仅局部存在，设置为厨房和卫生间等辅助空间。渭南市万家村、礼泉小高村和白村均属于这一类型（图3-29，图3-30，图3-31，图3-32，图3-33）。

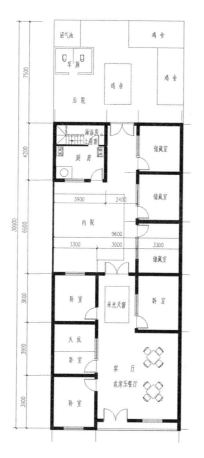

图3-25 礼泉白村民居1平面

屋顶木构架　　　　　　　　　　　　内廊采光天窗

图 3-26　礼泉白村民居 1
室内设施

三种灶具：煤气灶、土灶和沼气灶

图 3-27　礼泉民居外观

礼泉小高村高新群宅外观

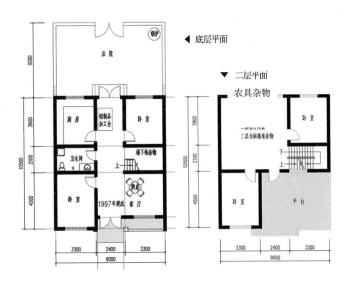

图 3-28　户县骞王村民居
平面

农村新民居模式研究——以陕西关中民居为例

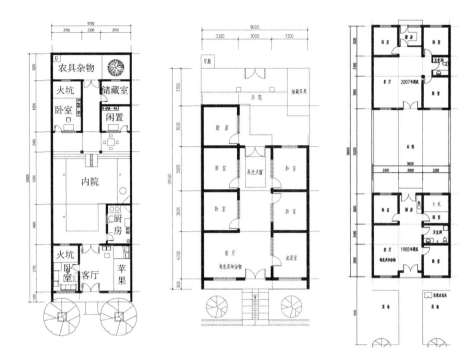

图 3-29 礼泉小高村高应
东宅平面

图 3-30 礼泉白村民居 2
平面

图 3-31 渭南万家村民居
平面

图 3-32 礼泉小高村高应
宅外观

图 3-33 渭南万家村民居
外观

上房南立面　　　　　　　　　　门房入口

3. 空间发展型

空间发展型已经完全脱离合院形式，变为独立式、集中式小住宅，建筑多为二至三层，用地较小，院落以后院形式为主。内部空间划分介于城市住宅与小别墅之间，不同于城市的部分是农业生产加工对于杂物储藏和加工制作空间的要求，故房间数量多，建筑层高较大。户县东韩村、塬王村和澄城县蔡代村等经济发展水平较高的村落以及较为富裕的家庭住宅大多属于空间发展型（图3-33，图3-34，图3-35，图3-36）。

从纵深延续到渐进组合、空间发展，现代关中民居发展的类型脉络如下表3-6。

关中现代民居类型分析表 表3-6

实例	类型	空间配置							造价	年代	生活方式	材料		特色
		院落	居室	厅堂	厨	卫	储藏	组合				土木	砖	
礼泉白村民居1（图3-26，图3-30）	纵深延续	内院后院	4	1东面南	西厦	2水旱	3东厦	空间并置	6万元	2001年	三代六口，三孙均在外；苹果种植	木屋架	红砖墙	采光天窗，沼气灶，太阳能热水器；后院养鸡1000只，用炕
礼泉小高村高新群宅（图3-27）	纵深延续	内院后院	2面西	1居中面西	南向	1旱后院	3厦	空间并置	3千元*	土坯门厦1970年，上房1978年	三代四口，务农	土木	砖混	面西，门厦土坯，上房砖混，后院种菜，用炕
礼泉小高村高应东宅（图3-29，图3-32）	渐进组合	内院后院	3	1东面南	东厦	1旱	3厅房	串并组合	4万元	1998年	老两口，务农	木椽子	砖混、楼板	上房檐廊宽敞，开阔内院，用炕
渭南万家村民居（图3-31，图3-33）	渐进组合	前后院	4	1西南	2东	2水	2卧室	串并组合	6万元	门房1985年，上房2007年	四口，两代人	木屋架	砖、砖混	内院地势高，新旧房格局一致，老房用炕
户县骞王村民居（图3-28，图3-35）	空间发展	后院	4	一二层各一	西北	1水	2二层厅阁楼	厅及楼梯组织空间	11万元	2006年	三代同堂，铝制品加工	木椽子	砖混	坡屋顶，小阁楼，大露台
澄城蔡代村杨宅（图3-34，图3-36）	空间发展	前后院	4	1东南	西北	1水西	2卧室	厅及楼梯组织空间	5万元	1997年	中年夫妇，四口，子女在外上学		砖混	入口空间，前后院，大露台

＊注释：3000元仅为当时建筑材料费用。

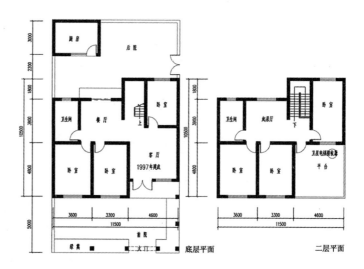

图3-34 澄城蔡代村杨宅平面

蔡代村杨宅民居外观与前院

图 3-35　户县骞王村民居外观　　图 3-36　澄城蔡代村民居外观

3.4.2 空间特性

空间性质的变化。正房仍为南北朝向，将院落划分为前院和后院，是主要居住空间。原祭祀礼仪之用的堂屋已经被弱化，取而代之的是客厅、起居室，且位置并不强求居中，多布置于建筑一侧。厦房由主要居住空间向辅助空间转变，设置为厨房和仓储等功能。

空间功能的组合。传统民居的建筑空间注重组合秩序，但并不强调空间的穿插与串并联关系，房间并置仅通过院落、廊檐联系。在现代民居中，借鉴城市集合住宅的户型空间组合，也出现客厅与多个卧室、厨房的并联关系，主卧加套间提升功能。民居建筑空间关系由于组合而变得丰富，有利于改善其内部的交通组织，在空间发展型民居中较为典型（图3-35，图3-36）。

空间尺度也发生了较大变化，开间增大到3.3~3.6m不等，正房三间总宽度在10~11m，进深5~10m（单边或双向布置）不等，内院宽度也有扩大趋势（图3-37）。门窗洞口尺寸几乎是传统的两倍，无论朝向，窗墙比一般均超过35%；

图 3-37　灵泉村民居内院扩大

户门尺寸较大，宽度达到2.6～2.8m，小汽车或农用拖拉机可以通过。建筑层高普遍较高，由传统民居3m左右的梁底净高增加到4m左右的层高。

高大房屋是身份和财富的象征，对于高敞空间效果的追求自古至今未曾改变。新建建筑摒弃传统民居中建筑材料的局限和狭小的空间尺度，无论宅基地、房屋开间，进深都逐步扩大追求宽敞，建筑高度从层高到地坪高度均竞相攀高。空间尺度的变化带来较好的通风采光，也适宜现代家居布局的需求，但建筑室内热舒适度差，暴露出保温、隔热和节能问题严重。有研究表明[98]，层高与建筑空间的增大对于建筑保温隔热性能和舒适度的提升显然是不利的。对于"高"和"大"是否就是好，需要用科学而批判的眼光审视，适当的扩大空间尺度是追求高品质生活的合理要求，但是无节制的攀比则是有害的。

空间组合呈现如下特点：由礼制制约向生活享受和生产需求的空间变化。堂与厦因礼教的废弃而弱化，同时提升客厅与卧室的居住舒适度，从狭小暗仄的厦房走出来，步入宽敞明亮的南向居室。以家庭为单元的农业生产方式，民居担负更多的生产加工和储藏功能，养殖牲畜、储存粮食和苹果。因功能复杂而杂乱堆砌，片面追求房间数目而空间适用性差；另一方面在物质空间、生活享受导向影响下，空间构成与组织缺乏系统性与科学性，空间明亮、开敞而能耗飙升。

3.4.3 空间变形

采光天窗。在调研中发现礼泉县白村家家户户均设天窗（图3-38，图3-25，图3-30）。礼泉属于气候寒冷的渭北高原，人口密集、用地紧张，这是传统关中民居在当地气候影响下的一种适应性变形。首先厢房用楼板搭建为平屋顶，并将原属于窄院的部分从两厢屋顶连接起来，再将这部分开天窗通风采光。窄院变成宽内廊，增加室内空间；天窗可开启，补充厢房采光，解决夏季通风降温问题。内廊与大门直对，门窗对位、通透，形成穿堂风，有利组织自然通风。但其缺点是天窗造成厢房的间接采光。总之，天窗的引入是有益的尝试，丰富建筑空间，加之采光、通风的功用，延续并发展了关中民居的空间形态。

两厢三合式房厦组合。西安七贤庄[99]是现代房地产业的雏形，建于

图 3-38　礼泉白村采光天窗

1934～1936年，共建成十个近似的院落，继承传统关中民居风格，并结合当时建筑材料和建筑格局加以革新。两厢三合式房厦组合，也被称为"工字房"，这种布局形态匠心独运，改变了传统关中民居的空间尺度与格局，是厦房与正房

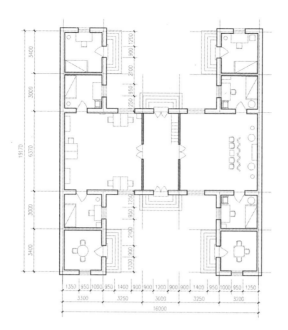

图3-39 西安七贤庄"工字房"平面

图3-40 西安七贤庄"工字房"鸟瞰

的连接变形体，创造出大空间统领小空间的现代起居厅效果。正房与厦房联结成"H"形平面，南北两面各自围合出庭院，中间厅堂也可看作是腰房与厦房的连接组合体（图3-39，图3-40）。在院落组合方面，继承传统，依然是正房与厦房围合庭院，但由于总面宽加大至五开间，院落开阔、宽敞。但中间厅堂由于联系所有房间，开口较多，不利家具摆放；此外，厦房的尺度依然狭小，仅可布置单人床，居住舒适度仍有待提高。

3.5 本源剖析

3.5.1 特征演化

在关中这片土地上，民居从原始社会的穴居，秦汉一堂二内、隋唐的廊院、四合舍，逐渐发展成为明清窄四合院，再到独立式、集中式住宅，经历了漫长的演化过程。建筑技术的进步引领空间的变化，从茅茨土阶的功能混杂到土木之功的明确空间与等级划分，发展出砖混结构的空间发展型现代民居。由传统农耕演进到现代生活，以适应社会经济与生产生活方式的不同，功能与空间发生变化，体现在院落形式、空间配置等方面，功能划分趋于复杂，空间组合性增强，有向空间集中发展的趋势（表3-7）。

3.5.2 三间房原型

"三间房"是由秦汉时期民居的"一堂二内"发展而来的最为朴素、原始的居住模式，符合历朝历代对民居规格"三间四架"的限定，渊源已久、简单易行。简单盖起的三间房，无所谓历史传统，就可满足起码的居住需求。现代民居无论是以三间房的平面空间组合变化，或是竖向空间组合，仍以"间"为基本空间和单元，三间房的空间组合划分变化无穷（图3-34，图3-39），演化出现代民

年代划分	建筑类型	空间配置					院落形式		结构		材料			生活方式	特色
		堂	厦	厨	杂	卫	组合	围合	屋顶	墙体	土木	砖	水泥		
夏商周	半穴居	√		√			无	前后院，尚无院落围合	茅草	木骨泥墙	√			早期农耕	茅茨土阶
		大空间功能混杂													
秦汉	一堂二内	√	√				自由	建筑居中，周边的廊围合院	茅草瓦	土木	√	√		传统农耕	秦砖汉瓦
		空间配置不完善													
隋唐	廊院	√	√	√	√	√	规整里坊	建筑居中，周边的廊围合院	瓦	土木	√	√		传统农耕	廊院合院
		空间配置基本完善													
宋元	合院	√	√	√	√	√	规整	建筑四面围合，院落居中	瓦	土木	√	√		传统农耕	四合院
		完整四合院													
明清	合院	√	√	√	√	√	并置	建筑四面围合，院落居中	瓦	土木	√	√		传统农耕	砖石木雕
		关中窄院													
现代（20世纪80年代前）	合院	√	√	√	√	√	串并	居中内院	瓦	土木砖		√	√	传统农耕	纵深延续
		基本完整合院													
现代（20世纪80年代后）	独立式小住宅			√	√	√	集中	前后院	预制楼板	砖混		√	√	生现代活	空间发展
		客厅替代堂，卧室替代厦，其他功能强化													

图 3-41　澄城雷家洼村雷
富民宅平面

居的各种变形。例如雷富民新建宅院（图3-41），由于靠近道路，为了开店铺而将"三间房"进行变化组合。结构形式由木构架承重转向墙体承重；功能的转化带来空间组合的变化。"间"的存在是建构方式与用地规模共同作用的结果，成为关中民居的元语言和原型，是其基本居住单元、度量衡（图3-42）。

3.5.3 房屋与院落图底关系的转换

建筑与院落图底关系相互转化，民居向紧凑集中模式发展。从图解思考民居空间模式变化，可以清晰地辨别出传统民居以宅为底、以院为图、建筑围合庭院的特点；现代民居开始向集中式发展，转换成院为底、宅为图，院落包围建筑（图3-43）。以院落空间为主、注重组合关系的传统建筑格局向注重建筑单体转变。传统民居形成以院落为中心的生活空间，然而现代民居由于集中紧凑的建筑格局，院落并非围合而成，仅是建筑

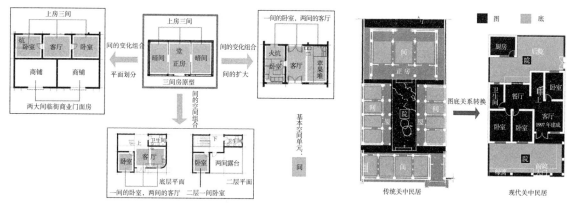

图 3-42　三间房原型分析图

图 3-43　建筑图底关系转换示意图

周边的空地。空间的围合与院的形成方式发生了变化，现代民居与周边环境的孤立、隔膜就是因为这一种图底关系的转变造成的。

3.5.4 建造的阶段性与延续性

　　建造房屋是家庭庞大的支出和艰巨的任务，尤其在资金短缺的情况下，分阶段、小规模、渐进式建造方式十分普遍。在建房之前先要准备材料、规划建房规模、计划建房周期，此番准备多依照村中惯例执行，并不需要太多的考虑。首先建造三间南北向正房，满足小家庭对居室的基本需要，厨房、杂物储藏都是在一旁临时搭建，功能简单、空间共用；院墙与大门也已建成满足安全之需。在若干年后再建厦房，此时儿女成年到了婚嫁阶段，要满足子女对住房的分居要求，同时完善厨、卫设施，满足大家庭成员间的适当分区和更高的厨卫要求。最后才轮到门房、倒座的建设，贴金粉饰工作放到了最后，也是花费较大的部分，这时家庭经济收入渐丰，儿女已能赚钱养家，装修门面是在温饱满足之后的精神追求。经济收入改善、家庭成员增加与儿女婚嫁成为"盖房"的主要动因。澄城县雷家洼村雷俊亭的宅院建设过程就是如此（图3-44）。再如雷铁锁一个人建房历时几年，断断续续建成满院的房屋（图3-45）。通常民居建设不是一年半载的集中建设，而是经年累月的逐渐完善的过程，既体现家庭成员成长的阶段性，又是有计划、整体、延续的建造实施过程，最终完成院落的围合，也是房主人生的圆满。分阶段、延续性的有序建设一如人生的历程，也应是大部分传统民居的建设过程。

图 3-44　雷俊亭宅建设过程

图 3-45　雷铁锁的建房历程

3.6 存在问题

3.6.1 空间闲置与功能不足

　　由于农民进城务工引起农村常住人口缩减，当前我国有2000多万亩宅基地闲置[①]。造成闲置问题的原因有二：其一，青壮年走出农村，留下的是老宅、老屋和老人，人去楼空型宅院闲置；其二，如渭北村落纷纷弃窑建房，大量移民新村建设与夹道新建房屋等一系列行为，废弃了原有宅院与庄基，新址再建型的老宅闲置。建筑的使用周期过短，建建拆拆中浪费十分巨大，人均实际房屋占有量较大（表3-8（1），表3-8（2））。但是房屋质量低下，没有保温隔热措施、防灾抗震设计，更谈不上精神文化上的追求。重复建设也正是因为低品质的短命建筑无法满足现实需求则诉诸再一次的建设。在澄城县雷家洼村一、五组75户中约有21处（占28%）空废院落，其中有个别住户举家外迁，"一户多宅"的现象也为数不少。陕西作为人口输出的省份，农民外出务工现象普遍，一方面是扩张型大量重建与新建住宅，另一方面是数量同样巨大的庄基与宅院的闲置。无论是闲置还是重复建设，都是对资源与环境的浪费。针对这一情况，国土资源部2008年底以发布《确定土地所有权和使用权规定》，提出空闲或房屋灭失2年以上未恢复使用的宅基地应收回并重新划分使用。

　　建房是对于农村建设活动最直接的描述，盖更多的房屋数量直接反映家庭富有程度与对人丁兴旺的期望。在调研中发现，礼泉县白村白奶奶家（民居1）虽然家中常住人口只有3人，依然建出5、6间卧室，其中3间都改用为储藏（图3-46）。关中村落大量种植苹果，所以苹果的储藏成为家庭重要的功能空间。房间数目虽多但不能满足实际功能的需求，同时农作物的储藏季节性极强，大量时间均为闲置。

　　卫生间的设置也出现变化，部分家庭由单一的旱厕转向水旱结合的格局。院落一角或门外依然设有旱厕，同时在主要居室一侧或厢房设置冲水马桶和淋浴间，甚至在后院煤房中设置坐便器（图3-47）。虽然由于排水系统受限，多以渗

图 3-46　堆放苹果的厢房

图 3-47　灵泉村煤房中的坐便器

① 数据来源网络资料
http://www.cnwest.com.
2008-11-26.

农村新民居模式研究——以陕西关中民居为例

澄城雷家洼村典型住户居住年代变化表 表 3-8（1）

家庭名称户主姓名	年龄	1960 年代	1970 年代	1980 年代	1990 年代	近年来	生活状态	未来展望
雷敬民	69 岁	单窑半边厦，两大家三代 13 口合住	两窑一院，三代六口同堂	翻修厦房，辟新宅基箍窑	两代三口常住	2004 年新址建新房，正房三间、厦两间	1980 年代以前务农，儿女均进城上学后就业	儿女后代均不会在农村生活，五间房将空废
雷俊亭	65 岁	老院三家合住	老院三大家三代合住	新址建新窑，一家五口	1991 年盖东厦四间	2006 年盖西厦四间和门楼	1990 年代末儿女陆续进城上学、务工	儿女后代不会在农村生活，两窑八间房将空废
雷照林	49 岁	单窑半边厦，两大家三代 13 口合住	新址三窑两代七口	新址两窑两口	两窑一家五口常住	2008 年建西厦两间	两个女儿进城上大学、工作	户主两口将长期居住两窑、两房
雷拴财	47 岁	老院单窑半边厦，三代 7 口	基本同前，三代 6 口	新址两窑，两代四口	两窑，两代六口	两窑，两代四口	户主母亲去世，长子进城上大学	户主两口将长期居住两窑

礼泉县赵镇小高村典型住户居住年代变化表 表 3-8（2）

户主姓名	年龄	1960 年代	1970 年代	1980 年代	1990 年代	近年来	生活状态	未来展望
高应东	75 岁	三代七口，土坯房三间，厢两间	与 1960 年代相同	儿女成家立业，无建房活动	原址 1998 年建正房三间、1999 年门房三间，三口	外孙上大学，老两口常住，正房三间闲置	女儿出嫁，就近照顾二老生活，二子均进城	户主两口将长期居住在门房，正房闲置
高应举	76 岁	土坯房三间，两代六口	与 1960 年代相同	分家，三口同住	与 1980 年代相同	新建砖房两间，五口人，土坯老房三间闲置	一子进城务工，老两口与另一子媳及孙同住	部分儿孙有可能留在农村生活
高应龙	58 岁	土坯房三间，三代七口	与 1960 年代相同	与 1960 年代相同	新建正房三间，三代七口	三代五口同住，土坯老房三间闲置	两子在城市定居、打工，女儿出嫁	部分儿孙有可能留在农村生活
高新群	36 岁	土坯房二间，三代六口	门、厢房 1970 年代初建，1978 年建正房三间，三口	与 1970 年代相同	与 1970 年代相同	三代四口同堂，门厢土坯房闲置	一家三口与母同住，务农	户主两口将长期居住正房三间

坑方式排水，不能像城市居民一样尽情使用，但这方面的需求不能忽视。

全面彻底解决这一系列问题，要从村落规划管理的角度来统筹，加强居住管理，严格控制宅基地，改变一户多宅问题。养殖业由于气味、卫生等方面的问题，划分专门区域形成专业化饲养场所。通过统一建设冷库、加工点，实现居住与产业的适度分离。应强调居住的集约性，增加建筑层数，强化空间功能组织，变追求绝对空间数量与面积为空间与功能的综合高效利用。应从储藏室的朝向、收纳手段、空间大小、面积分配是否适当等方面调整。此外，还应考虑仓储空间多功能使用的可能性，避免季节性带来的空间浪费。农村民居的生产特性是其区别于城市住宅的最大不同之处，解决好生产与生活的矛盾才能真正满足农民的居住需求。

总之，由于空间的闲置，与现代生活相关的功能设施的不足，功能的添加置换和房间总数的减少成为必然。通过增强监管控制用地减少土地浪费与闲置只是一个方面；此外，在规划与设计方面应充分考虑农村居住的空间可变性，为居住转型提供可能性；并针对闲置空间进行再利用设计，活化废置空间与场所。

3.6.2 资源与能源利用的误区

农村民居本应该具有生态优势，亲近自然、融于自然，材料、建构、空间构成与特征都应是源于自然气候的理性和科学选择，然而现实却不是如此。现代民居高层高、大空间、大门窗单薄透风，建造工艺简单而成本较高，属于高能耗、低舒适度、气候适应性差的建筑。由于保温材料和技术的推广度不高，保温隔热性能既不如城市住宅也不如传统民居，需要花费更多的燃煤取暖，使用电扇降温，甚至使用空调。虽然家用电器的普及有利于提高生活水平，然而是以高昂的能耗为代价，尤其像空调等高能耗的设备不宜在农村大量使用。应通过建筑技术手段提升其保温、隔热、遮阳等性能，确定适当的门窗规格与墙体材料，组织自然通风与采光等综合措施，实现建筑物理性能的提高。

目前关中农村采暖、炊事用能一方面脱离生态优势的商品能源消耗量递增，另一方面传统秸秆薪柴燃烧效率低，污染空气，急待寻找可再生、低碳的替代燃料。陕西农村生活用能消费中商品能源占据80%以上[100]，没有发挥农村资源优势，应加大太阳能、沼气等清洁能源的使用率，尤其应推广与建筑相关的主、被动技术应用方式。如何通过对传统水窖与涝池的恢复实现雨水收集利用，推动传统火炕的革新、加强卫生设施的改进等均成为当前面临的和具有发展潜力的重大问题。

3.6.3 经济制约与盲目跟风

当前农村经济发展的同时，城市强势文化对乡村的影响使农民失去理性，开始过度追求类似城市的生活模式。城市作为人类文明的产物，五光十色、富足、时尚，是现代化的代名词，成为农村居民的效仿目标。相对传统民居的建设，在经济较宽裕的村落和家庭，往往出现短时间内大兴土木，建设过程暴露出攀比心理与短视行为的现象。建房花费家庭大部分的积蓄，但只要看到比自己的现有住房要豪华气派的新房，就种下了盖房的念头，导致日后重复和盲目建设，成为农村居住问题的另一表现形式。长年积攒为在城里长期打工的子女盖房，即便守着空闲的新房，巨大的花费也是心甘情愿，唯有如此才算尽到为人父母的职责，村中人人如此。因为盖房花费了太多的积蓄，生活质量随之降低，进入攒钱、盖房、攒钱的怪圈，忘却自己的生活质量。从样式到平面布局、从材料到构造一个村子基本类似，看样、模仿成为跟风的一种表现形式，也导致出现过于整齐划一的民居外观。盲目跟风从表象上看是乡村陋习，实质上暴露出其从经济的制约转化为文化的困顿。究其根本是在寻找适合的住房方式过程中没有真正符合使用功能和心理需求，如能善加引导，就可以成为推广示范工程的有利条件。

3.6.4 传统文化的丢失

现代社会对于物质的追求是无止境的，商品化成为时代的特征，精神层面的追求退而居其次。对于室外空间，尤其是邻里关系缺乏制约机制，村落景观、公共设施缺少管理和整治。部分村落出现邻里间竞相抬高宅基地标高的现象，高出道路与邻居地坪有利自家排水，如渭南市张家村一家更比一家高，没有人愿意比他人住得矮，导致房屋比原有地坪高出约1m，破坏邻里和睦关系，不利道路顺畅排水，加大建房成本，甚至出现因标高问题放弃宅院另建新房的现象。对物质的过度追求是这个时代无法摆脱的局限，既带来改变现状的动力，又成为资源浪费的重要诱因。

此时的乡土民居犹如乍暖还寒、早春二月的旧棉袄，虽新生事物层出不穷，人们不断接受现代文明的洗礼，然而厚重而不合时宜的棉袄却还没来得及脱去。无论是现代建筑技术与材料、空间与场所，并没有为农村量身定做时令新衣。在当今社会经济文化转型之下的农村，其民居尚未有充分的时间与实践历练，生活与功能、形式与文化均处于磨合期。"在当代中国农村，由于其接受的外来文化本身来源就并不稳定……造成外来的新宅形的淘汰率过高，大多数新宅形还来不及融入当地风土即遭淘汰。这是当代中国农村新风土建筑相对简单粗陋的主要原因。"[101]民居是历经风雨岁月的作品，短时间的仓促模仿与短暂的寿命周期是无法成就的，当前存在的问题是经济的制约，更深层的原因是现代民居文化的尚未成熟。虽然有井宇等关中民居的创新作品，但是无论是数量上还是深度、广度上来看仍都处于初期探索阶段。

3.6.5 公共空间与设施的不适应

关中农村民居无序建设的现象以及城市扩张和工业发展对于农村土地的侵蚀，使得村落原有聚集、内向的格局被打破。村落结构呈松散、破碎的发展态势，农村正经历村落点、线、面三个层次的全方位改变。首先是村落公共空间点状的瓦解，生活生产方式的转变造成祠堂、谷场、戏台、水井、涝池等传统公共设施与空间的荒废（图3-48）。其次是交通道路线状结构的重构，颠覆了原有村落组织关系，呈放射状、发散式发展。再者是民居行列式组合带来面状的突变，村落街巷景观呆板单调。

村落环境丧失了传统村落的整体性、艺术性和亲切感。传统村落街道曲直，宽窄因地制宜，自然多变，既省工又利排水。尤其是在地形复杂，起伏变化的地区，顺应地形地貌是基本的村落建设原则，使街道虽通而景不透，移步换景富于变化。另一方面，公共空间与场所极为缺乏，富裕村落将城市广场、绿地模式引入，缺乏地域特色、丧失乡村风貌（图3-49）。合阳皇甫庄社区虽然新建了社区中心广场，但村民依然在街道上设置流水席婚宴，闲置与侵占同时发生（图3-50）。传统村落形态自然，并流露出内聚性、向心性的特征，这是一种节能而且有利于安全防卫的形态。基于传统线性街巷的生活与节庆活动，并不一定适合于现代城市广场一类的开放空间。新型村落在解决交通通达性上比较重视，但没有从更高层次满足景观甚至心理、文化的要求，尺度失衡、简单生硬。应从传统村落吸取营养，注重山形水势等自然因素对村落形态的因借作用，在设置尺度适宜的纵横道路网格骨架的同时，注重民居组合方式的探讨，并在规划层面予以合理配置，创造村落新的场所空间和优美的建筑天际线。

农村不仅具有生产功能、生态功能、生活功能，还具有文化传承的功能。农村的魅力在于历史记忆、传统文化。千百年来形成的村落空间，也许一座青山、一塘清水、几棵古树、几幢老屋、一种手艺或是一段传说，往往就是村庄的独特符号，承载着一个个家族的谱系。作为村落灵魂的祠堂、水井和涝池的消逝，谷场、戏台的荒废，不仅是功能的丧失，也是村落公共空间的萎缩，文化生活的低迷不振。村落除了农宅还剩下什么呢？没有这些核心的存在，民居又如何有机组

图 3-48 公共设施的荒废　　　　　　　　雷家洼村废弃的戏台、谷场和冬季干涸的涝池

礼泉白村健身广场

户县东韩村中心绿地

图 3-49　新建的广场绿地

图 3-50　闲置与侵占

织呢？传统村落由于自然经济、防范匪患等需要以及深层次文化因素，并没有设置符合现代生活的开阔的公共空间，那么荒芜的公共空间，是转而模仿城市的广场绿地、笔直宽阔的林荫大道，还是寻求自身特色，挖掘历史文化价值，值得深思。

改革开放之后，现代关中农村民居的发展由于经济社会的变迁而变化，既存在问题也面临发展契机。诸如怎样生活、谁来居住、盖什么样的房子、怎么盖房子等等问题。"年年盖基本无人居住的新房，年年娶守空房的新娘；年年生父母远在天边的儿女，年年等待团聚的春节"[102]。这充分体现了城市化快速发展的今天，对农村产业转型与居住形态带来的巨大冲击。

现代民居的演进伴随着社会经济的发展，建筑的时代性与现代需求不容忽视。虽然存在诸多问题，但是其生命力不容忽视，应本着经济性、阶段性的发展原则，立足现实、面对未来。当前农村民居缺乏制约机制的有效监管，物质空间需要技术和文化的双重约束，对于民居发展的归纳总结及趋势分析，民居文化以及生态化技术等方面的研究将是改变当前农村居住现状的重要途径。

"楼上楼下，电灯电话。"这是曾经的农村居住理想，而这一目标已经远远落后于当前的发展水平。农村社会的发展进程面临现代化、产业化、社会化、生态化、地域化和文化复兴等繁杂问题，民居不仅仅体现经济水平和建设标准的高低，更是文明与文化的提升，是社会综合实力的具体体现，基于生态与文化理念的可持续发展才是未来农村居住模式所应遵循的发展之道。

4.1 创作目标

4.1.1 融合与整合

1. 现代与传统的融合

传统民居空间与技术的构成是地域性的综合体现，新民居体现现代建筑文明与生活方式，具有现代化与时代性特点，保留一定传统文化内核，技术上也在不断更新，其空间实体必将随之改变。应用适宜的生态建筑技术，创造适应现代生活的新空间与场所，才能孕育出活的传统。新民居必须将现代化与地域性有机融合，使民居在时空关系上发展和提高，进而推动关中民居的现代演进。

2. 适宜性生态技术的整合

从系统论的观点来看，应让建筑本身成为集成生态节能系统，达到综合、高效的能源利用目的，发挥更好的节能降耗效果和生态、环境效益。充分考虑关中农村资源现状以及民居多以独门院落为主、经济承受能力有限的特点，有选择地优化应用国内外生态建筑技术，尤其是本土低成本生态技术，以建筑空间为依托，从材料与构造、空间与建构等方面实现适宜性技术的集约化应用。

3. 地域文化与技术的统一

传统建筑中隐含着丰富的人与自然、人与人的相处之道，将传统民居文化、地域技术范式、绿色设计思想等与提高居住环境质量、现代生态节能技术有机结合起来，并融入现代生活，是整合提升的过程。文化特征是地域建筑构成的重要因素，同时技术的适应性也体现在与地域性的结合上，地域因素成为建筑创作的重要内容。建筑文化通过建筑空间呈现，生态技术也依附于特定建筑技术与实体空间，彼此结合、互为支撑，通过整合实现建筑空间、技术与历史文化的优化组合，达成形与义的统一。

4.1.2 传承与创新

1. 文化传承

传统中国农村是以自然经济为基础的乡土社会，自然经济是一种以习俗或惯例作为调节手段的经济形态。以农民个体家庭为生产和生活基本单位的小农经济对土地固有的依赖性，强化了农民之间的血缘关系和地缘关系[103]。乡里乡亲、聚族而居的特点形成户与户之间独立而又关联的邻里关系。关中特有的居住方式所演化出的民居文化，表现出民居建筑的地域特色，符合气候条件和人的身心需求，目前仍具有生命力，应成为积极保留的部分。

传承以槐院、墙-院文化（详见后文"墙-院文化"的论述）、节水集雨等为核心的民居文化，批判继承半坡屋顶、墀头、门楼、砖石木雕等传统民居的外部特征，延续传统关中民居的厚重、质朴与硬朗的建筑风格，关注最为本质的内在基因，是对特有民居文化的传承。同时随着社会经济的发展，不断修正、更新、补充并完善新民居的文化内涵，以地域建筑创作推动地域文化复兴。从地方性材料入手，探讨多样化地域材料的现代建构，尊重不同地域的生活习惯，发掘其优秀的历史文化遗产、民俗和手工技艺，提升到建构文化的高度予以关注。传统与历史是新民居的文化养分，只有固守本原，才能体现地域性，文化传承是新民居设计的出发点。

2. 空间创新

生活方式在变化，空间容器也在不断改进，新民居是在空间形式上不断变化、推陈出新的过程。需要创造丰富新颖的建筑空间与场所，满足居住的物质与精神需求，适应农村生产生活的变化，重点关注居室、炊事、储藏等方面的空间配置，强化内部空间的组合划分。重视外部空间环境设计，创新庭院的空间关系与构成，改变传统民居封闭、内向的空间格局，探讨建筑组合关系的变化以及空间营造效果。基于人的社会交往需求，从交往与空间的关系入手，探讨空间功能层级的重构。改变传统民居空间构成方式，竖向再生，集约用地，在用地与人的行为之间取得平衡。关注坡屋顶的新建构、太阳能利用涉及的门窗和阳光间设计等，通过绿色建筑技术实现新空间创造。建筑空间是新民居的载体，空间创新才能容纳技术文明与精神文化的复兴。

3. 技术更新

运用当前先进的、适宜的技术更新，寻求地方新材料与新技术在新民居中的应用方式。技术更新是现代适宜技术的应用研究，也是继承传统民居中顺应自然的更新完善，需要在地方性建筑材料与建构手段上不断创造、提升。需要注重对于气候、环境资源有效利用的方法研究，包括生土、雨水、阳光、风等可再生能源的利用。以技术更新为空间创新、材料更新提供技术支持与保障，加强民居最为薄弱的保温、隔热、防灾与抗震等方面的技术创新，改善居住品质的同时减少对环境与资源的占有与破坏。

4.2 创作要点

4.2.1 居住特性

1. 居住与土地、自然和生产的关系

首先是居住与土地的关系，应提倡集约化使用，在保证宅院生活的前提下节约用地。改变粗放单向的用地控制，从开间与进深双向维度推敲有限用地下的多种居住需求，精细化空间设计。其次是遵从自然、亲近自然的人与环境的关系，从规划设计之初就贯穿绿色设计思想，顺应气候特征、地势起伏与地域资源，农村居住的优势在此，也应成为新民居设计的首要原则。应尊重自然，节约能源使用，重视生物质能和可再生清洁能源的利用。再次，农业生产与居住的关系也十分重要，从不同发展阶段入手，满足居住环境中生产、仓储的功能需要，适度分离、大小适中。在空间灵活使用与专业设备两个方面满足不同需求，并在更高的层级综合解决生产与居住的协调关系。

2. 经济适用

关中经济发展水平不高，农村居住的经济性尤为重要。经济性也是动态的发展过程，但是经济适用的原则应当遵守。不追求过于宽大、高敞的空间，不崇尚繁复的装饰，要秉承优良的传统，简约、朴实、实用，建筑材料也应选取在适宜技术选择下的地方经济型材料。延长建筑寿命周期，改变短命建筑的弊端，也是经济性的重要体现，是对资源环境的最大节约。既保证建筑质量与生活品质，设计理念适度超前，建设过程避免浪费，适度的规模、适中的造价、适用的空间是永恒的追求。

3. 未来发展

立足现实，面向未来，留有余地，满足今后相当长时期内的居住需求。建筑是百年大计，延长建筑寿命，前瞻与预测性必不可少，从农村发展脉络分析不同时段的居住需求，适度超前，提供更为舒适的环境。例如，车库、厨卫、仓储等能够较大提升居住水平的空间与设施应重点分析以适应时代发展之需。以人为本的设计，体现人性化设计理念，关注留守儿童与空巢老人，在空间尺度、空间组合方式、聚居形式、公共空间和过渡空间设计等方面，考虑老人与儿童的使用要求，营造温暖舒适的空间环境。

4.2.2 价值取向

　　价值观决定方法论，进而引导行为与选择。依据马斯洛的层级理论分析，民居作为日常起居的庇护所，首先要满足人的基本生存需要：即身心的安全需要，遮风挡雨的基本物质需求，表现为半坡遗址中的半穴居、秦汉时的一堂二内等。在此基础上，再扩大为交往需求，聚族而居形成村落，注重礼仪制度，表现为人际交往中的人伦关系，例如门堂分立、合院式居住模式以及槐院的形成等。进而由经济条件与物质的富足，开始追求建筑空间艺术，注重装饰，提升自我、寻求被尊重，达到自我实现。明清民居大发展的时期也恰逢社会经济复苏的年代，砖石木雕精美且寓意深远，门楣题字直抒胸臆，人们普遍寻求精神的寄托。当人类活动开始对环境构成威胁，缺水、高耗能等使人们开始注重建筑的生态节能，民居总是在其所处时代最为经济的建筑形式，省下的正是可贵的资源，生态性成为民居的本质特征。由层级理论归纳出关中民居的约束条件与影响因素：a. 自然及气候条件是民居基本约束条件，也是历经时代变迁而有所保留的部分；b. 根据自然风土选择而形成的地方材料与建构技术；c. 社会和经济的双重制约作用，也是可变化的部分；d. 对于居所的身心需求，同样是民居基本约束条件，但体现时代精神，是变迁的部分；e. 文化价值观，深层次的民居文化；f. 生态发展观，采用适宜生态技术，确保民居环保、节能、省地，是民居长足发展的根本。

　　层级理论表明，从物质到精神、从客观条件到主观进取，逐级递进，民居最后达成生态可持续发展的愿景，实现人与自然的和谐共存。从满足温饱到追求文化品位，唯有生态既是最高建筑理想，又是现实生活目标，尤其在商品能源消耗严重，煤电价格高昂的今天。从重新燃起的火炕、蓄水的水窖等现象来看，生态也意味着实用、省钱。不同的民居和使用者由于上述各因素的制约而产生有别的价值观，导致民居的千差万别。由此构建出基于不同价值观的不同层级需求，随着时间与社会经济文化的变迁而变化，演化出与之相适应的民居建筑模式。

4.2.3 类型与模式

　　根据上述关中民居的成因、约束条件、影响因素可以将民居建筑模式大致划分出三大类型：基本模式（a+b+c+d），基本建筑空间构成；发展模式（a+b+c+d+e），考虑生产生活的现实因素以及技术条件水平；理想模式（a+b+c+d+e+f），综合考虑文化生态与建筑的关系，即完全发展模式（图4-1）。上述模式由于所属层级不同而侧重有所不同，但都是以建筑民居空间为载体的类型与模式。例如在现有农村居住政策约束以及宅基地大小制约下的2分地、2.5分地、3分地，建筑开间与进深基本是确定的，那么空间的变化仅是功能空间的组合，属于适应当前居住集约化趋势下的一种基本民居模式。

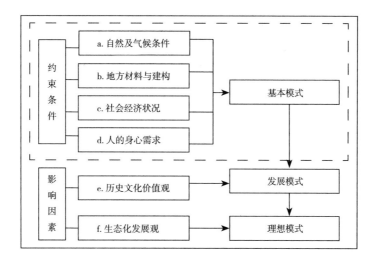

图 4-1 新民居模式推演

多样化的建筑类型。类型是无法臆想出来的，必须依托现有居住形式的归纳与总结，并以此为起点通过对农村社会发展趋势的判断来进行改进与提升。生活本身是多姿多彩的，与之相适应的民居必然也是多样化的建筑类型。例如过渡类型中的文化空间模式和生态空间模式在不同地域将呈现不同的形式，关中也尚有东府与西府的区分，文化风俗与工匠材料均略有不同，地方性是民居多样化的前提与保证。此外，新民居模式的多样性还体现在时间纵轴与经济文化横轴两个方面：纵向根据时代特点而有所不同，家庭的成长需求也因时而变，是发展与生长的动态过程；横向由于经济与文化的协同演化限定生产生活方式与经济、文化能力，涉及需求的层级，包含文化与价值观念。

适应性新民居模式。新民居符合生活需求，体现技术进步、可持续发展，蕴含文化品位，地域特色鲜明……如此种种均要以当前农村实际情况为准绳加以验证，走本土化、低成本生态技术路线，所以关中新民居模式的发展是从基本模式到过渡类型，再到完全发展模式，是从现实到未来发展趋势的理性归纳与总结。应依据村落经济发展现状、区位特点与资源优势等不同条件，选择恰当的民居建设模式，如城郊型、旅游农家乐型、商住结合型、农业居住型等多种类型。最终，模式多元化以及与产业转化的适应性应成为模式选择的根本。

4.2.4 适宜性低技术策略

地方性、生态化适宜技术观点。技术本身没有高低贵贱，适用、实用、适宜是民居建设的基本原则。不同于高技术的高投入与高效率，与自然气候相适应的改善建筑微气候与节能的技术措施，在获得环境效益的同时具有切实的经济效益。基于现实的物质技术条件，有选择地应用，达成适宜技术的渐进转化与应用。

完善适宜技术的实施。被动式技术对于能源依赖性小，是通过建筑自身围护等实体构件提升保温隔热性能，在规划设计到实施阶段采取的建筑措施与手段。此外还有主动式技术，是通过技术手段对各种能源消耗系统进行改进或替代，主要是引用各项设备实施。例如对于太阳能的利用首选被动式方法，涵盖从建筑选址、规划布局到单体朝向、空间组合、阳光间等多方面，使得自然资源的利用获得最佳的节能效益与环境效益。建筑空间本身是可贵的资源，建筑师的精心营造是可以达成节能和创造宜人小气候的目标，建构的生态化带来建筑自身的舒适度。

地方传统材料与技艺的传承与提高。传统民居中蕴含生态智慧的技术范式，在当代仍具有利用价值，辅以现代技术手段，使其重新获新生，发挥其经济性、生态性与地方性的优势。例如单坡屋顶，无论屋瓦材料与屋架体系的转换，形式部分的保留重温甚至提升传统单坡屋顶的功能，如：排水、导雨、保温、过渡、防尘、防盗等，现代地方材料的融合运用则是关键。

4.2.5 地域性的现代特征

由于适应现代技术文明的文化习得与历史积淀的滞后特性，建筑设计要以理性批判的态度超越传统，在现代技术与地方传统文化之间找到恰当的切入点、结合点。"传统与现代之间时时保持着一种互为批判的张力……既要独创性地表达地方文化特色，又要以积极态度顺应现代技术的发展……在创作态度中，倡导一种'陌生化'原则"。另一方面需要针对性设计，因为"多样性来源于每一个对话者对特定问题的理性思考与解答方式。"[104]通过地域性建筑特色的批判继承与针对性设计结合的研究方法，寻找传承与更新的支点。

现代建筑的地方实现方式，是建筑从理论到设计，从表象到文化内涵的现代化。"传统"若只是形式或过程，其流失在所难免，然而还不止于此，它的背后蕴藏丰富的内涵和意义。在文化上，新民居的现代化既是新型村落文明、现代生活模式的体现，更是传统文化的复兴与延续。单纯建筑表象符号的堆砌并不是值得赞许的方式，形式固然不应受到束缚，但文化内涵的挖掘、表达才是我们推崇并为之努力的方向。

侯幼彬的《中国建筑美学》将中国传统建筑分为软传统和硬传统，硬传统是指传统建筑的表层结构，是其物态化存在，通过具体形态和形式体现其特征，是具象传统。例如庭院式布局、木构架结构、大屋顶等属于硬传统。软传统是指建筑传统的深层结构，是其非物态化存在，是飘离在建筑载体之外，隐藏在传统形式之后，透过建筑实体所反映出的传统价值观念、生活方式、思维方式、行为方针、设计手法等方面，是抽象传统。

从传统文化与现代化的角度来看，以社会精英和大传统为核心的文化更易接受新的变革观念，与"现代"紧密联系，而以农民和小传统为核心的文化则不易接受新观念，是保守的，与"过去"联系，也被称为"草根力量"。在现代化进程中，大传统对小传统的影响也并非是绝对的，这一过程实际上是一种"传统的再造"，并突出了小传统在这一再造过程中的作用。"大传统与小传统在村落社会中彼此影响，共同塑造着村落文化。"[105]抽象传统是需要物化具象传统的建筑实体来显现的，但是手法并不是复古与拟古，就如同大、小传统彼此影响一样，现代建筑的传统体现在物质与精神的层面，新民居的产生依赖新型民居文化的孕育。再造新传统、新风尚将成为民居的创作源泉，其核心价值观应是源于中国传统文化的现代演进。

4.3 建筑空间

建筑空间是民居研究的核心问题之一。中国传统建筑就个体空间来看较西方简单，而单一建筑空间更具有模式化、类型化的特征；建筑组合性强，"依轴线布置，以纵向序列为主，横向为辅，自前而后组合延伸。"[106]因而只有把握住这一特定的空间模式和组合方法，才可以探讨具有文化内核的基本空间模式。关中新民居的建筑空间模式研究旨在挖掘其原有价值，从历史和现实中批判继承，在无序发展中发现规律，并试图建立新秩序——建筑空间模式。从功能空间、生活形态、形式语言等方面探讨关中民居的空间属性和特征。

关中民居的建构理论研究，对于实现新民居模式具有重要作用。"建构（tectonic）一词源自希腊文，意为木匠或建造者……建构是连接的艺术……结构的诗意表现……建造无一例外是地点（topos）、类型（typos）和建构（tectonic）这三个因素持续交汇作用的结果。"[107]建构是诗意的建造[108]，建构是一种潜在的手法，是在材料与材料之间、空间与空间之间以及形式上的或是实质上的节点。不仅体现了技术问题，而且暗含了人文问题，体现了时代和观念的不同，与时间和地点紧密相关，符合新乡土建筑观点。通过关中民居建构理论的研究，推敲具有时代精神和地域特征的新民居建筑空间模式。

4.3.1 用地与空间

宅基地纵横双向划分的适宜比例。宅基地的适宜长宽比应从两个方面考虑：其一，利于单个基地内的建筑布局，应以三间房总宽度计算用地面积。无论从历史来看，还是兼顾现代生活的需求，正房三间是应有所保证的，则总面宽在10～12m左右。其二，从村落民居组合的角度确定每户用地进深。进深方向可以加减，依据有关规定以每户占地2～3分计算，进深应在15m左右。这里应明确的是宅基地的开间和进深不应是唯一和固定的数值，通过村落整体规划和空间设计，必然产生多种用地形状，打破传统关中窄院的格局、形成适宜的长宽比是新民居要面临的改变。

适应家庭人口规模减小趋势下的紧凑型居住模式。现代家庭小型化趋势明显，单纯追求居室数量无法满足对居住的深层次要求，可适当减少卧室数量，以三室户和四室户为主。从调研中发现目前农村家庭人口平均在3～4人，核心家庭为主，儿女就学与就业较城市更早离开家庭，事实上家庭常住人口往往仅夫妇二人。所以在考虑三代同堂的情况下，每户3～4室是适合的规模，用地规模也应随之减小。符合国家对宅基用地的规定，并尽可能节约土地、高效利用。

延续民居的院落空间，创造相适应的空间发展模式。较为宽广的室外空间是农村居住的优势，保留院落围合的建筑格局，体现亲近自然的特色，通过多层次的室外空间形成邻里自由交往的惬意场所。节约土地，居住向空间发展，变院墙为户壁，竖向再生，以两层左右为宜。屋顶空间可以是坡屋顶下的阁楼，也可以是退台、露台，或设置功能多意的模糊空间和过渡空间，或利用屋顶采光优势设置太阳房、阳光间等。集中居住式宅院应是农村今后的发展方向，但仍应以院落空间为特色的竖向发展，较小的体型系数和围合式院落既有利于保温，也有利于节约用地。

4.3.2 功能与空间

民居的空间组合是多种多样的，通过房间串并连关系的推敲，添加竖向交通联系，使得新民居的内部空间变化更为丰富，交通联系更为顺畅，适应现代生活需求。卧室、客厅等主要居住空间重视生活便利性，添加现代厨房、卫生间、储藏等功能空间，通过现代设施的使用改善居住品质。

依据目前农村实际居住人口的特点与需求，针对性提升主卧室居住舒适度，扩展房间使用灵活性。以非均质、重点、局部的观点，确立主卧室概念，添加主卧卫生间、家务间（或工作间、书房）、南北卧室等配套空间配置。南北卧室利用房屋不同季节的舒适度，使用不同朝向的房屋，冬用南向、夏用北向，实现居住与季节相适应的选择。在保证主要居住功能的前提下，倡导空间功能的灵活使用，卧室、储藏与工作间等功能可以根据需要转换，提高空间的使用效率。

针对现代农业特点增加仓储、加工等农业劳作用房，与居住适当分离，成为居住的辅助与补充，创造农村生产生活结合型的居住模式。同时考虑辅助空间的多功能利用，结合农作物收获与加工随季节的变化的不同，综合考虑多种经营的可能。

总之，新民居在空间设计上体现用地与功能的综合高效利用：打破固有用地长宽比，探讨纵横双向划分的适宜比例，尽可能保有院落空间；一方面具有传统民居的通用性、模糊性，提供空间灵活使用的可能；另一方面强调明确的功能性，并且配备与之相符的现代设施；此外，建筑规模由于使用人数的减少而趋于紧凑、小型化，由增加房屋数量向品质提升转变，提倡紧凑节地的居住模式。

4.3.3 交往与空间

1. 交往与空间层次

交往与空间的层次关系是新民居创作的重要着手点。交往层次的分级和组织方式有无数种，每一种交往层次分级和组织方式都代表了一种不同的社会关系组织方式，公共—半公共—半私密—私密四级层次就是交往层次的一种较为简化且理想化的分级形式，这种形式被人们在实践中广泛地应用。交往层次代表了社会关系结构，而空间层次代表了物质环境的组织结构。当物质环境需要与社会关系达成一致时，可以转化为营造一种空间层次与所需交往层次取得同构。

在关中民居中，我们可以明确地看到同一序列下的四个空间层次以及划定这些层次的三个空间界限。"外部空间由地板和墙壁所限定，而建筑空间一般由地板、墙壁、天花板三个要素限定……"[109]从而，我们可以把合院民居理解为用院墙先划分内与外，界定公共生活与家庭私密生活，然后在院内通过墙壁和天花围合出"间"来界定家庭生活与个人生活。如果把这些界面作为限定空间的界限，则民居空间自然被三个界限分为四个层次——街巷、"槐院"、庭院、"间"（堂屋、卧室）（图4-2）。其中，界限1为道路边界，界定街巷与"槐院"，公共与半公共；界限2为院墙，"槐院"与庭院，半私密；界限3为房间外墙及檐下灰空间，界定庭院与房间，私密。

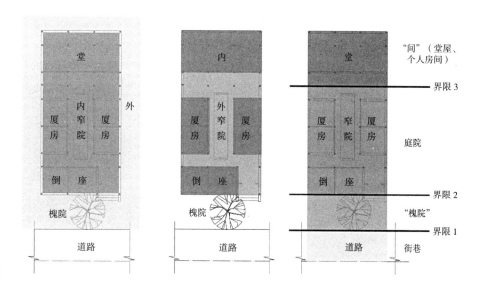

图 4-2　空间的界限与层次

2. 空间层次的重构

（1）空间功能与层次的再定义

不改变整体建筑空间的结构，仅仅通过再定义某一空间层次的内容就可能改变建筑空间的性质，满足不同的社会关系需求。传统民居的公共性改造就是空间层次再定义的典型例子。以马清运的"井宇"为例（详见6.3.1马清运：井宇），该建筑整体保持关中民居的原型，街巷—槐院—窄院—正厅—后院的空间层次和序列都得到了保留，但部分空间层次的内容经过了设计师的再定义。首先，传统民居的单个房间（厦房）改造成为了独立的居住单元，在每个单元中有卧室和客厅、卫生间可以满足基本的生活需求；其次，门前的"槐院"空间通过桌椅摆设，邻里交往被进一步鼓励；窄院则由于厦房的独立成为众多住户间的交通组织空间；再次，正房被改造成为玻璃顶的书房、简餐和会谈空间，从而由原本封闭、正式的堂屋空间变成了服务于多户居住者的较为私密和自由的日常交往厅堂；最后，传统民居的后院设置为现代化的游泳池。

通过这一系列对传统民居各个层次空间的再定义，虽然整体层次结构并没有改变，但是整体空间功能的内向、私密的属性有所改变，与传统的关中民居相比，公共性、开放性有所增加，可以服务更加开放的社会关系（图4-3）。

（2）抽离与增加空间层次

与私密程度的再划分相对应，通过抽离、增加空间的层次可以营造出不同需求的建筑空间。以"二合宅"为例，依据现有民宅改造而成，由南北各两间单坡房间及其中间的院子组成，从侧边入口进入。由于其入口直接进入街巷，而街巷仅仅满足照面、打招呼的"连锁性"活动，整个空间序列中半公共层缺失，居民从街巷空间通过界限2直接进入庭院空间。由于缺少界限1和半公共空间，邻里空间缺失，公共活动无法开展，这样的宅院比传统的合院民居私密性更强，对于不希望被打扰的居民是适宜的住所（图4-4）。

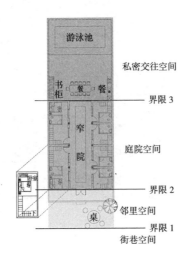

图4-3 "井宇"平面分析图

图4-4 "二合宅"示意图

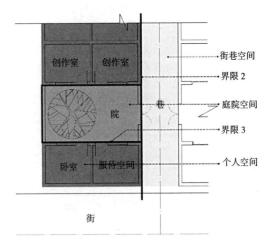

4.3.4 养老模式探讨

我国已逐步进入老龄化社会，关中村落无一例外面临常住人口的老龄化问题，村中留守的多是中老年人及其年幼子孙。近二十年，西方发达国家产生的"逆城市化"[110]现象表明，在农村整体环境优越，具备生活舒适、服务周全、交通便捷的条件下，积累了一批有一定经济实力的中老年人，愿意到农村迁居。那么中国乡村能否成为城市未来的后花园、甚至是全民养老的地方？以养老为目标，在民居中应着重考虑以下三点：邻里交往的空间、洒满阳光的院落和绿化种植。多种公共及半私密空间满足邻里交往，可以在涝池旁、槐院外、内院里，或者在阳光间、向阳墙体下等。农家小院，在院内种植果树、蔬菜也可以成为种植观赏花木之外的另一选择。此外，完善居住功能、提升生活水平，医疗卫生等设施与服务也应加强，基础设施与配套极为关键。农村居住并不仅仅是解决农民自身的居住问题，开阔视野，可以成为城乡一体化的统一考量，养老模式的探讨将会成为农村居住的重要组成部分。

4.3.5 既有宅院改造

重复建设带来巨大的浪费，从延长建筑使用寿命角度，最大化利用和改造现有宅院与建筑。通过改造提升居住品质，达到继续使用的目的，可以极大节约社会财富，减少由于建设带来的经济和环境压力。

1. 空间优化。根据村落出现的房屋空置情况，通过改变房屋功能实现继续使用的多种可能，可将空废宅院改造成仓库、加工作坊、店铺或活动室等，供邻近住户共用。近年热门的"乡建"案例，多从此处入手，将废旧房屋、院落变废为宝，改建为公共活动的空间，如著名的碧山书局（图4-5），原为闲置破旧的祠堂。部分拆除的宅院也可以成为宅间绿地及活动健身的场地。继续作为住宅使用

图4-5 碧山书局

的房屋，从提升实际使用空间的舒适度入手，减少卧室数量，改变空间使用功能，增加仓储、杂物等辅助空间。

2. 保温隔热。通过更换门窗材料，或增设节能型门窗，提升保温性能（详见后文，表5-1）。墙体增加保温材料，优选生土与草砖等经济环保的地方材料。屋顶增加保温隔热层，推荐采取加设种植保温层、炉渣保温层等构造措施。改变过于

高敞的空间，采取吊顶降低层高并铺设保温板等做法改善房屋保温性能。

3．设施改进。当前农村基础设施建设严重不足，无法满足现代生活需求。卫生间、浴室等在农村的普及还需要一个过程。牲畜养殖的粪便处理、沼气利用等与农村生产、生活相关的设施亟须健全，从而与居住建筑有机结合。

4.4 适宜性技术

首先，研究关中民居的建筑技术构成要素及其现代化、生态化方法，包括传统民居技术范式的再利用方式。传统材料如土坯墙、砖墙和木构架，寻找其替代现代结构体系，解决传统材料对于现代建筑空间、保温隔热、经济性等方面的制约，让新民居获得建筑设计与推广应用的新突破。

其次，传统建筑中隐含着丰富的人与自然、人与人相处的经验，如何从传统中汲取营养，采取适宜性、低技术策略，将传统地域建筑的文化、生态经验与提高居住环境质量、节约能耗有机结合起来，是设计创作和研究的关键。

再者，从系统论的观点来看，建筑本身应成为集成生态节能系统，达到综合、高效的能源利用之目的，发挥更好的节能降耗效果和生态、环境效益。充分考虑民居多以独门院落为主、经济承受能力有限的特点，将建筑用能节能科学化，有选择地优化应用国内、外生态建筑技术，尤其是本土低成本技术，实现系统化、集约化利用。

4.4.1 建构技术

土坯作为填充墙体材料，提升建筑抗震、保温能力，保留传统草泥抹灰、腰檐等构造做法，将有效解决现代建筑对传统地方材料使用的制约，建构传统建材的新肌理。生土墙体依然可以创造出简洁美观的新建筑，例如：甘肃西峰毛寺生态实验小学[111]（图4-6），以土坯砖、夯土和麦草泥为主要的自然材料，整体结构采用传统的梁柱木框架结构体系。传统青砖和红砖创造新肌理，例如：马清运的西安蓝田玉山井宇，砌筑出青红砖交织的建筑表皮，外墙外侧以青砖为主搭接留空，漏出里侧红砖，青红砖错缝搭接，呈现出两种砖色交织的织物纹理效果。富平陶艺博物馆，还有散落乡间各处的建构实践（图4-7），这些建筑对于砖材质的建构探索成为联系本土文化与建筑实体的纽带。

应用现代框架结构体系建构，让新民居获得建筑设计与推广应用的支撑，实现地方材料与现代建筑技术相结合的营建策略。由于现代技术的发展，框架结构的材料选择多样，可以是现代木构架、钢木复合构架、钢筋混凝土框架、轻钢结构等多种形式。运用新技术改进传统材料如土坯墙以及新兴草砖的抗震、防水、防潮等性能，作为填充体而不是承重墙体，可发挥其保温隔热、低造价、可降解

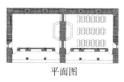
平面图

剖面图

土坯　青砖　红砖

图 4-6　毛寺生态实验小学

图 4-7　土坯、青红砖的运用

的生态环保性能。通过新的建构方法，将其带入一个全新的应用时代。

专业设计与施工是民居在技术与建构层面的更新途径，虽然说民居是工匠约定俗成、守口相传的技艺，具有建设自发性与随意性的特点。但是，随着社会的发展，在未来必然产生与民居建设相关的产业，专业化的建设队伍，具备专业技术与设备。如同现在的家装公司一般提供菜单式、自助式服务，业主选择性自主完成从方案到施工的全过程，装点出风格不同的民居。只有产生从事民居施工的专业队伍，才有可能实现民居的建构追求，同时以带动整个产业链的生成，促成工业化地方建材及其相关产业的完善。

4.4.2 太阳能利用

关中太阳能资源较为丰富，大部分地区综合气象因素SDM>20，如充分利用这一资源，采用被动式太阳房冬季采暖，在无热源的情况下室内平均温度可达12℃[112]。辅以炕或炉取暖，室内温度则可达到16℃左右，达到基本舒适的要求。由前文的测试数据可知，关中冬季寒冷，提升室内热舒适度必须依赖采暖，利用太阳能的潜力较大，尤其是渭北高原日照强度较大，利于太阳能的推广使用，作为辅助能源可以有效减少商品能源的消耗。

太阳能热水器改善农村沐浴条件。目前在经济条件较好的家庭，太阳能热水器已经具有一定普及性，极大改善农村卫生水平。两层左右的建筑高度以及低密度的居住方式都有益于太阳能的利用。太阳能建筑一体化是重点，将太阳能热水系统作为建筑的标准体系进入建筑领域，实现与建筑的同步设计与同步施工。把建筑、技术和美学融为一体，太阳能设施成为建筑的一部分，相互间有机结合。并需要同步改善农村排水设施，借鉴已有成功实例如"基于垂直潜流生态滤床技术的分散式污水及污泥处理系统"[113]，结合农村特点，因地制宜，采用分散治理和集中治理相结合的方式进行，解决排污问题。

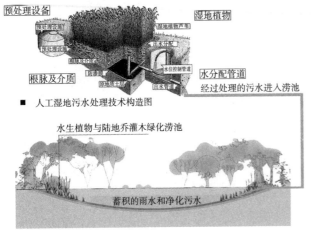

预处理设备
湿地植物
预处理设施
湿地植物芦苇
出水分配
预处理设施
根脉及介质
防渗膜
水位控制管道
根脉及介质
水分配管道
原地质土层
出水管道
经过处理的污水进入涝池
■ 人工湿地污水处理技术构造图
水生植物与陆地乔灌木绿化涝池
蓄积的雨水和净化污水

■ 涝池剖面示意图

传统展示中心
戏台、观音庙
入口空间
涝池
环村游线
视线节点
游憩节点
景观暗线
观景节点
视线通廊

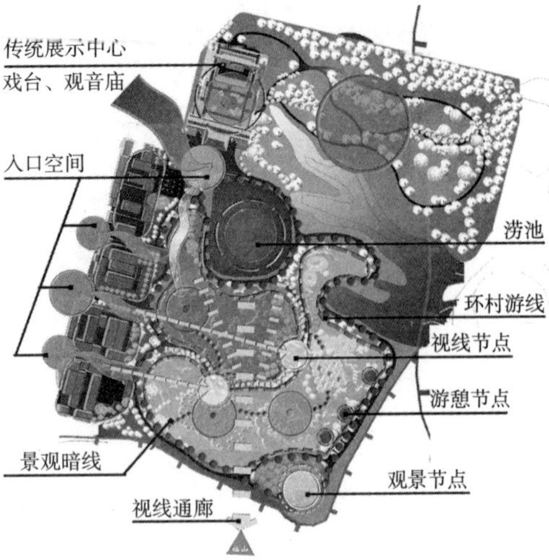

图 4-8 新型生态涝池

图 4-9 灵泉村涝池改造设计

4.4.3 雨水收集与利用

新型生态涝池（图4-8）。传统涝池年久失修，冬春季节干涸，死水一潭、水质不佳。借鉴现代人工湿地技术，同时考虑雨水的蓄积和渗透，水生植物净化水体，并形成一定遮挡减少蒸发。涝池底部采用传统“钉窖”技术，用胶泥（红垆土）构成防水、防渗层。通过村落高程设计，选取低洼处设置涝池（也可视为人工湖），路面首选具有一定孔隙率和强度的铺装材料渗透雨水，且形成指向涝池的坡度引导雨水走向。结合村落中心、小广场设计，岸边种植地方树木，形成绿色掩映、景色优美的生态景观（图4-9）。

雨水
辘轳
入水口
沉淀池
2m
筒子 0.4×2m
黄土
红垆土
雨水
8m
轮头 3m
底直径 1m

图 4-10 新型净水水窖

新型净水水窖（图4-10）。虽然水窖多用于渭北旱原，目前仍然发挥作用的所剩无几，然而鉴于关中缺水的现实条件，恢复水窖功能是重要的节水措施，收纳、蓄积雨水提供浣洗和灌溉之用。改善水窖过滤、沉淀功能，增设沉淀池净化雨水；改变雨水收集路径，以屋顶雨水收集为主，提高水质。恢复传统胶泥打窖工艺，启用土料防渗①等技术，替换目前由水泥制窖的方式，生态环保。在水资源的消耗中，只有2%是用于饮用[114]，需要洁净符合卫生标准，其他部分用水完全可以使用替代水源进行植被浇灌和清洁浣洗，补充水资源的不足。

此外，利用村落亲近自然的特点，在雨水管道系统设计、用地规划和地面

① 土料防渗就是将窖底土夯实或者在其表面铺筑一层夯实的土料防渗层，包括压实素土、黏砂混合土、三合土、四合土、灰土等。详见《节水灌溉新技术》来源：http://www.zgny.com.cn。

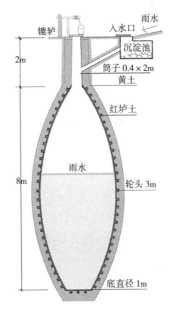

图 4-11　新型炕

覆盖等方面考虑雨水渗透，通过水面、绿地以及具有一定渗透性能的道路铺地等构成雨水渗透系统。在合理、充分地利用雨水的同时涵养地下水源，既能缓解水资源危机，又能增加土壤中的含水量、调节气候，减少雨水管系的投资和运行费用，减轻村落水涝危害和水体污染，一举数得。

4.4.4 生物质能综合利用

1. 炕的更新

"北方高效预制组装架空炕连灶"（俗称"吊炕"，图4-11）[115]是辽宁省农村能源科技人员在"七五"、"八五"期间不断实践而研制的，其灶的热效率由过去的14%～18%提高到25%～35%，炕综合热效率由过去的45%左右提高到70%以上。炕内宽敞，排烟通畅，结构合理，炕温能做到按季节所需调解，温度适宜，不仅热效率高，而且外形为床式。新式炕按照燃烧和传热的原理进行改造：对炕灶的热平衡和经济运行进行了优选，改革了炉膛、锅壁与灶膛之间相对距离和吊火高度、烟道和通风、炕内结构等，并在炕灶方面增设了保温措施，提高了余热利用效果，扩大了火炕的受热面和散热面。因此，新式炕结构合理，通风良好，柴草燃烧充分，炉灶上火快，传热和保温性能好，炕灶热能利用率达到50%左右，省燃料，使用方便、安全卫生。此外，在燃烧材料的处理上推荐秸秆压缩成型技术，压缩后的秸秆体积小方便储藏，密度高可提高燃烧效率，在改变传统柴草弊端的同时充分利用农村现有资源。

2. 沼气利用

根据农业部相关规划，到2020年普及率达到70%，基本普及农村沼气[116]。沼气利用在关中农村大有可为：其一，沼气生产结合牲畜粪便处理，变废为宝、堆肥利田，关中农村的很多村落为猪、牛饲养基地，具备产气原料优势；其二，冬季严寒的低温对沼气产气制约的技术瓶颈业已解决，具备了北方农村沼气推广的技术基础；其三，新农村建设，政府与有关部门在技术与资金上的大力扶持，成为沼气推广的动力。最终实现集中式沼气管道供应才是能源集约、高效利用的方向。

通过家庭分散与村落集中污水处理等生态技术，结合建筑空间模式优化设计，适宜性生态技术集约应用，实现农村现代生活水平需求与适宜性生态技术的良好结合。

3. 无水马桶

目前关中农村普遍使用旱厕，卫生条件有待改善。虽然自来水基本普及，然而有上水无下水的现状情况使抽水马桶和洗浴设施难以使用。抽水马桶是现代生活的标志之一，但其用水量大，丢失农家肥，在农村不是优选的解决办法。瑞典工程师理查德·林德斯特伦（Richard Lindstrom）发明的"不用水的堆肥坐便器"（Waterless Composting Toilet）[117]在欧美国家广为流传，利用土壤自然分解原理，内部分解之高温可将病菌与虫卵完全杀死，最后处理成腐殖土作为园艺肥料。浙江绍兴张首鸣发明的"数控无水包装式马桶"2006年获得专利，集节水、环保、肥料收集等功能于一体，最终通过沼气池提供炊事能源。中国台湾建筑师谢英俊在河北农村建造的生态厕所（图4-12），粪尿分离便于收集，废旧利用，简易廉价，生态环保。无水坐便器处理技术还需逐步完善提高，并在关中农村加以推广应用，成为旱厕的更新替代产品，将极大改变农村卫生条件，提高生活水平。

4. 垃圾回收处理

依据《村庄整治技术规范》GB50445—2008①的要求，鼓励农户利用产生的有机垃圾作为有机肥料，实行有机垃圾资源化。对生活垃圾一般采用堆肥处理，或结合沼气利用最终归田。建筑垃圾填坑，医院及有毒有害垃圾应在相对集中的居住区外深埋处理。

在村落内指定专人定时清扫、定时收集，集中清运堆放和处理。推行可移动

图 4-12　生态厕所

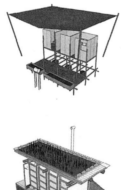

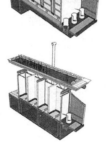

① 中华人民共和国建设部. 村庄整治技术规范 [S]. 北京：建筑工业出版社，2008，8.

式垃圾筒（组）或垃圾斗，按照服务半径不超过200m的标准设置，近期实行袋装化收集，远期实行垃圾分类收集。按照0.5km服务半径设置垃圾转运站，也可以利用废弃窑洞、水窖堆放固体生活垃圾，同时应做好除臭和垃圾渗液的处理。

减少塑料制品使用，降低白色污染危害。农用塑料制品限制使用，果树套袋推广纸质套袋。也可推广可降解、无毒副作用的塑料及其替代产品的应用，套袋和薄膜使用之后均可降解入土，同样起到生态循环的作用。

4.5 文化脉络

文化是历史的印记，文明是时代的产物，新民居是此时此地的文化与文明的共同载体。其时代特征体现在两个方面：一方面指提供适应现代生活，预测未来发展方向，创造具有前瞻性和实用性兼顾的模式；另一方面指建筑特色既区别于其他民居独有特质——地域建筑文化特征，又赋予新时代建筑风貌，孕育出活的传统。

在既定的气候条件、建筑材料和技术水平约束下，民居最终的形式和空间取决于社会文化（Socio-cultural factors）[118]等首要因素的影响力，文化对于新民居的构成至关重要。地域文化及其民居文化、社会经济等因素共同组成这一首要影响因素。《村庄整治技术规范》GB50445—2008规定：严格保护村庄自然资源和历史文化遗产，传承和弘扬传统文化。而地域文化因当前世界性文化交流、渗透与融合，导致无法回避的变革，首当其冲的就是面对现代化，保持传统文化的精髓。不应畏惧变革而裹足不前，珍视自己所拥有的，并如海纳百川般融入现代文明，也许这才是文化应有的胸襟与气度。

4.5.1 地域性体现

关中深厚的历史积淀，黄土文明的浸染，使得孕育于这片土地的关中民居独特、古老而鲜活。保持建筑的特色，首先体现在保证地域性的文化特色，更重要的是文化的继承和变迁。表现在文化的价值取向上，表现在建筑的人文特征上。关中民居的特色传承事实上就是关中传统文化的弘扬，继承传统关中民居的特色与特征是关中新民居的重要使命。关中民居是高墙窄院，是厚重的性格和黄土的色彩，是墀头砖雕，是门楣木雕与题字，是个性化的石雕拴马桩，是槐院下的交谈，也是井宇的单坡屋顶与青红砖墙。

1. 墙—院文化

综观中国传统建筑，几千年来几乎都沿袭着一种十分突出的围合构件——"墙"，如城墙、坊墙、院墙等。特别是民居建筑，各种高低长短虚实不一的墙体通过不同的组合形成符合"礼制"的形式，整体建筑在外观上外实内虚、外简内繁、内外有别。这些极具防御性的高而实的外墙对于现代建筑来说当然并不完全适用，但其对住宅私密性的保障以及空间的围合作用是不可或缺的。

墙体的围合性、防卫性和界面的封闭性、层级性成为关中村落与民居的一大特性。墙—院文化是关中民居由经济、文化侵染，根植自然气候和水土资源，历经岁月发展成熟所产生的特有民居文化。

院墙是限定院落的边界，在关中民居院落中地位显著，具有安保、防风功能，创造出空间强限定性、内聚性和界面外向性的特征，同时在文化层面院墙又是邻里和谐的依靠。在村落层级同时设有更大范围的围墙，合阳灵泉村有类似于城墙和门洞的防御体系，韩城党家村还特别设立如同城堡般的泌阳堡，形成村落围墙与民居院墙的双重围合，显示出对于安全防卫的重视。一方面由于过去土匪出没，防盗的需求；另一方面折射出关中人与自然相处的谦卑心态，居安思危的预防意识。在村落和宅院两个层级层层围合，勾勒出关中民居的深宅大院。

墙—院文化有着丰富的内涵，冬季在南墙下晒太阳，省下采暖的费用，是朴素、原初的太阳能利用，"保温文化"的一种体现；还可以与邻里交谈、娱乐，逐渐转化为村落文化，晒太阳并不是单纯的个人行为，是关中村落邻里交往的重要途径。门前墙下、槐院旁，有阳光的时辰——时间、地点；墙是构成院落和家庭的元素，大门是墙体的开口节点，槐树是家庭街巷的邻地，墙内是家、墙外是邻。槐院、南墙、晒太阳、吃饭、邻里交谈这一系列要素与行为构成关中民居文化中的"墙—院文化"，从古至今依然延续。

院墙的形式从临潼姜寨的壕沟、汉画像砖上的廊院、唐朝里坊与四合舍、宋之后的四合院至今集中式小住宅等形式不断变化，但院落围合的实质不曾改变。虽然建筑与院落的围合与被围合关系已经发生转变，但是更加突出墙体作为边界的重要作用，高墙大院从未改变。"墙—院文化"从功能体现的防御性转化为心理安全的保证，窗用防盗网，门用防盗门，但是围墙依然存在。对比江浙等地没有围墙一桩桩的独栋"洋楼"，差别显著（图4-13）。墙体实质上并不起安全防卫的作用，而是界定出属于自己的一片天地，以围墙为载体的文化体现，墙和院的

图4-13 不同地域现代民居对比

户县觱王村民居

浙江农村民居

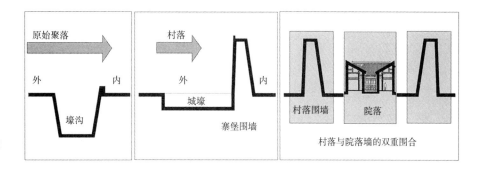

图 4-14 墙—院围合演变
示意图

界定作用一直未变，关中民居的独特魅力就在于"墙—院文化"的继承、表现与诠释（图4-14）。

"墙—院文化"很好地阐释了关中民居文化的发展，一脉相承的文化脉络就是始终体现时代赋予的物质文化特征。"墙—院文化"的本质在今天看来就是黄土、阳光与人的关系。现代化让技术改变，虽形式不同但生活在继续：生土墙改造成如特隆布墙吸收太阳能，或设置阳光间将阳光引入室内，槐院、南墙下依然可以吃饭、聊天，只是门楼门楣题字改换了材料与内容。

墙—院文化的现实意义与现代传承主要体现在关中民居的文化特征上，包含空间与人的需求两方面：首先是空间围合的重叠性，宜人空间尺度，交往与空间的层次。空间围合的多层次与多样性并重，以比例尺度控制空间感的封闭与开阖。其次是重视人的身心对安全、温暖、舒适的需求，例如村落、院落领域感的塑造，街坊邻里营造出的居住氛围。

2. 人文关怀

借鉴文化生态学的观点，从山脉、河流等自然条件的影响，村落的选址、先前的社会形态、现实生活中流行的新观念以及社会发展趋势等，都给文化的产生和发展提供了独一无二的场合和情境。从人、自然、社会、文化的各种变量的交互作用中研究文化产生、发展的规律，用以寻求不同地方文化发展的特殊形貌和模式。这种共生关系不仅影响人类的生存和发展，也影响文化的产生和形成，并发展为不同的文化类型和文化模式。通过整合的方法，综合考虑人口、居住模式、土地使用制度、技术等因素，掌握它们之间的关系及与环境的联系。

物质环境，尤其是建筑对人的影响无疑是巨大的，安全、舒适、温馨、亲切、幸福等感受和体验源自人性化的空间设计，是符合身心需求的空间。其核心在于宜人的空间和文化的滋养，适度围合、小尺度、愉悦，可以经历时间的考验。人性化的空间，回归自然，讲究礼仪教化，进而追求内心世界的平静与富足。空间是物质的，但不仅仅是物质，只有同时关照到人的身体与心灵，才是充满人文关怀的人性空间。是对历史文脉的探求，对贴近人的细微尺度的推敲以及对人日常生活经验的关怀与尊重。关中民居的门楣题字、座山影壁、砖石木雕、槐院等特色都浸染于这一方水土所特有的文化，是悠久历史的积淀，既彰显个性又流露出深厚的文化底蕴，由物质转而成为对于人性的关照。水井、涝池，家训、村规，连屋并脊的院落，曲折自由的小巷，都成为与村民密切相关的事物，荡漾其间的默默温情是人文的关怀。

4.5.2 现代化进程

新民居体现先进生产力引领下的现代文明成果，现代建筑技术与材料、生活方式的转变决定承载它的容器——新民居的革新性，新文明影响新民居的空间实质。首先是物质空间的提升，新民居在建筑物理环境方面通过提升保温隔热能力达成舒适的居住环境，增加现代居住功能的相关空间与设施，在建筑材料与建构手段的演进中改变建筑外观，通过建筑组合关系的变化实现空间围合。其次是居住文化的现代化演进，通过物质手段实现建筑的现代文明转化，进而实现新民居文化的孕育，生活模式与文化观念的现代化使得由低下生产力制约的、被动的节能节地模式向主动自觉的文化生态模式转变。

文化保守与传统价值观的影响显而易见，"在中国逐步走向市场经济的宏观背景下，关中农耕文化正处在由传统向现代嬗变的过程中。但是，关中农村社会经济发育还相对迟缓，特别是考虑到在相当长的一段时期内，关中庞大的农村人口不但不会减少，绝对数还在增加，这意味着未来关中社会将有相当数量的人口在乡村生活并成长起来，农村传统习俗和农耕文化还有相当大的生存空间。这一点对关中地区社会整体发展和现代化进程有着不可低估的影响。"[119]

虽然经济对于民居的发展具有决定性的作用，然而文化作为一种非正式制度是与经济协同演化（Synergic Evolution）的；经济与道德、经济与文化之间是互动的并构成了反馈链，而并不是单向的决定因素：文化既是决定的因素，同时也是被决定的因素。任何既定的文化因素，都是由之前以及同时的诸种自然的和社会的因素所共同决定的。文化一旦形成就成为一种新的现实的社会存在，影响或决定着此时的和此后的经济与社会的发展，"是文化与产业、技术、制度（指正式制度）的协同演化"[120]。文化的变迁不是文化批判的结果，而是形成原有文化的社会经济条件改变的结果，体现经济与文化的互动。新民居也不是一厢情愿的假设与猜想，而是当前经济文化作用下的民居新模式。农村居住形式的改变折射其经济、文化的变迁，一个时代需要与之相适应的生活载体——民居。当前关中农村的经济社会已经发生转变，关中新民居的出现将是文化与经济协同演化的必然。经济条件的改善带来民居文化的复兴，生态节能技术的运用、文化生活的丰富等也将提升民居的舒适度与经济性，优势互动、互为促进。

文化上的更新、重塑造就了具有现代意义的新型农村文明，关中农耕文化根深蒂固，建立新型文化体系需要一个漫长的历史过程。首先立足农村传统文化的

图 4-15　关中民俗博物院

图 4-16　灵泉村公共空间

现代化改造，使之成为现代文明的营养。其次，在农村文化改造的过程中引入市场经济价值观，包括民主意识、责任意识、竞争与合作意识、平等、时间和效率观念等。只有文化上的更新与重塑才能造就具有现代意义的新农民，新农民是新农村的建设者，也是新民居的受益者。

1. 新风俗与新场所

关中的悠久历史带来其村落多姿多彩的民俗文化，有户县农民画、渭北面花、澄城县尧头镇陶瓷、华县皮影、合阳县提线木偶戏、凤翔县泥塑等等，形式多样、种类丰富。结合农家乐等形式的旅游开发，保护非物质文化遗产，复兴民俗文化（图4-15）。

公共空间建设是农村新场所的重点，借鉴传统村落街巷尺度，弥补其开放空间不足的缺点，添加健身广场、文化活动中心等适应现代交往、娱乐活动的新场所（图4-16）。重拾传统村落场所领域感与人文特色，改变现代村落与民居生硬冷峻的建筑外观，体现人情味与亲切感。

2. 农村社区

社区首先具有一定的地理区域、一定数量的人口，居民之间有共同的意识，并有较密切的社会交往，其五大要素[121]为：一，在特定地方以农业为生，过着互有关系的生活；二，有相同的文化及社会价值；三，在其特有的社会结构内参与共同行为，并遵循同一行为规范；四，有相当数目的社会制度和社会组织，足以维持或满足其生活上各种需求；五，带有感情的可与别的团体分开的团体共同意识。新农村对于加强建设、管理以及文化生活组织等多方面都可以通过社区实现，社区的建立成为新的凝聚点，将改变由于村落合并等变迁因素导致的村落文化与凝聚力衰败的现状问题，是农村新文明的进步。由传统村落依赖地缘、血缘关系转化为地缘、业缘关系，是基础设施与文化建设的共同平台。

农村社区打破原有村落边界，重组传统村落，以集约、聚集为主要特点，具有区位优越，基础设施、公共服务设施配置齐全等优势。比传统村落更具集约性和综合性，同时具有人口密度较高，生活方式受现代冲击和传统习惯并存的影响较大，社区成员血缘关系浓厚等特点，而类型与特色由于地域性差异有所不同。"在社区建设区域的设置上，有以乡镇为基础、建制村为单位和自然村落范围为基础的三种不同类型的社区建设；在社区建设的发展进程中，有重新规划建设的以中心村为聚集地的新社区；有城乡结合交叉的社区；有在原来的村庄基础上改造的农村社区建设"[122]。总之，当前农村社区的建设现状较为复杂和多元，旧村与新村，传统与现代，分散与集中，整合与重组，然而农村社区仍将是农村未来发展的重要方式。

4.5.3 生态文化显现

设计结合自然。传统关中民居与自然紧密的关联是其得以长期存在的根本，现代民居生态设计的缺失也是其失衡的根源，应转化为深植关中沃土的生态文明，继承顺应自然的营建智慧。首先，是在继承中创新的设计理念的生态化，体现在建筑材料与技术本土化、生态化与现代化，建设行为经济、适度、可持续发展，建筑形式及其赋予的文化内涵符合地域特色与时代精神。再者，设计过程充分运用自然生态要素，尤其是太阳能利用（如：阳光间、太阳能热水系统等）、自然采光和通风的设计；建筑材料的应用首选生土、草砖。其次，重视传统生态技术范式的传承与改进，传统民居及其相关技术范式根植于土壤，均是自然生态的体现，发掘诸如炕、水窖和涝池的再利用方式以及民居生土墙体的构造等技术范式的现代化改进。

能源利用的生态价值观。建房本身就是花费几乎一生积蓄的大事，钱如何来花、怎样分配是有关文化价值观的认识。建房中花费一定数目的资金改善外围护构件的保温隔热性能，从而带来更舒适的室内热环境和较少的采暖费用，这样的投入是值得的。资源与能源并不是无偿使用的，首先形成这样的生态价值观。再者，进一步倡导使用生土、草砖等生态、本土、廉价的建筑材料，适当的回归传统，发现地域材料的新价值，也应成为房屋建设者和使用者的价值观。生态价值观追求的是生态效益、经济效益与社会效益的综合最大化，立足农村长远发展，在解决基本生存、获得富足之后，生态化是农村最为显著的优势。

农村新民居模式研究——以陕西关中民居为例

5.1 用地空间模式

依托在土地之上的民居，其用地大小与形状在很大程度上决定了民居的空间模式以及可能产生的组合方式，影响到村落形态、经济性、舒适度、节地、节能等方面。用地空间模式是以用地规模为标准，按照陕西省每户宅基地标准：城郊2分（133m²）、塬川地3分（200m²），探讨二分地、二分半和三分地不同面积的空间划分和功能组织。从开间与进深的比例关系入手，综合考虑用地、空间与院落的配置关系，因地制宜，创造不同的居住形态、内部空间划分与组合方式。

5.1.1 二分地模式

二分地（133m²）是陕西省每户宅基地城郊最高标准[①]，衔接现有农村庄基划分方式，从间与户的不同空间组合，探讨空间模式的多种可能性。从节地的角度来看，二分地的居住模式更经济节约，但院落空间不易保证，在人口密集、经济发达的地区会成为主要用地模式。下面从间为单元的"三间房"模式与户为单元强调户与户组合关系模式两个方面分别探讨二分地的空间模式。

1. 间为单元的空间模式

沿用三间房的空间原型，在统一用地标准下，面宽与进深的相对关系进行变化，开间宽窄不同，决定户型的经济性、适用性与使用者人群定位。从小三间到大三间，甚至是两间半，间仍然是空间组织单元，空间划分符合功能使用，分别为（图5-1）：

9.9m×13.2m经济适用型，用地小面宽、大进深，通过两间半（卧室与书房的组合）的灵活运用，提升空间使用效率；设有后院，方便农用物品储藏；

10.8m×12m康居舒适型，用地长宽比适中；

① 引自《陕西省人民政府办公厅转发省国土资源厅关于加强农村集体建设用地管理促进社会主义新农村建设意见的通知》陕政办发〔2007〕4号。

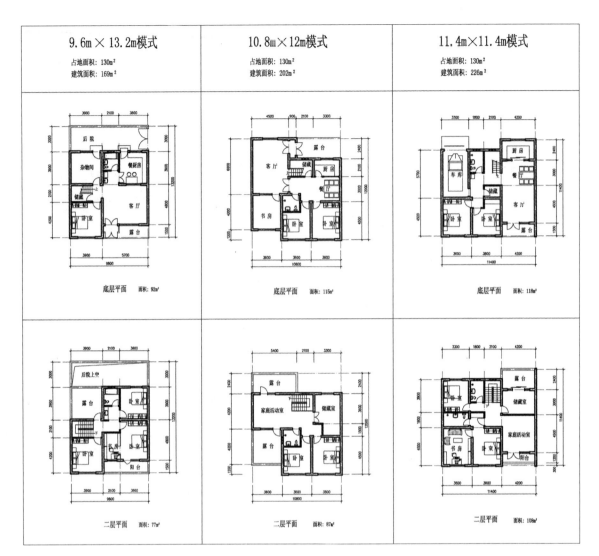

图 5-1 间为单元的二分
地模式

11.4m×11.4m安乐享受型，建筑大面宽、小进深，设室内车库、主卧室书房复合空间等，居住舒适度较高。

2. 户为单元的空间模式

打破三间房的原型，将面宽9m左右的三间变为两大间，注重内部空间的适宜尺度与组合，提升居住舒适度。强调户为单元的建筑组合关系，注重建筑外环境设计，南北入口相向而设，形成夹道而居的建筑组合模式。建筑空间更为紧凑，总体面宽较小，户户前有露台后有院落，是较为节地的空间模式，分别为（图5-2）：

7.8m×16.8m模式，形成4.5m与3.3m大小两开间，留有前露台，设北向后院并与储藏间相连；

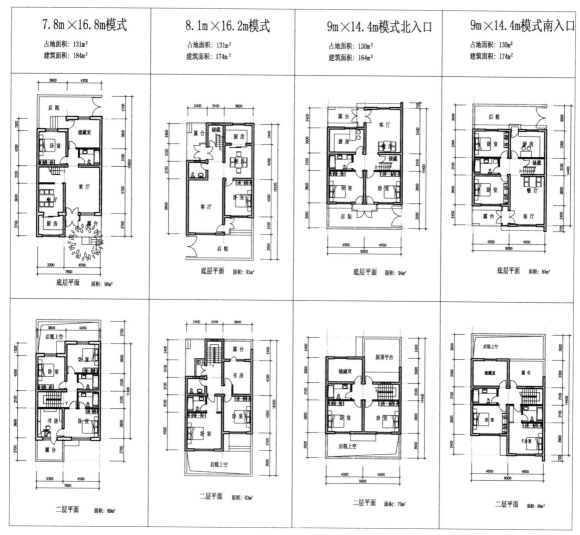

图 5-2 户为单元的二分
地模式

8.1m×16.2m模式，设有南向庭院，客厅、卧室也均为南向；

9m×14.4m模式，分为南北入口两个方案，两个4.5m开间，局部二层设置露台，并均有后院。

5.1.2 二分半模式

介于二分地与三分地之间的用地规模，二分半（167m²）是较为节能省地的空间模式，是三分地向二分地发展的过渡。根据面宽尺寸既有两大间、也有三小间的设置，分别为（图5-3）：

9m×18m两开间模式，设有前露台与后院；

9.6×17.1m三间房模式，南入口，设有阳光间、前露台与后院；

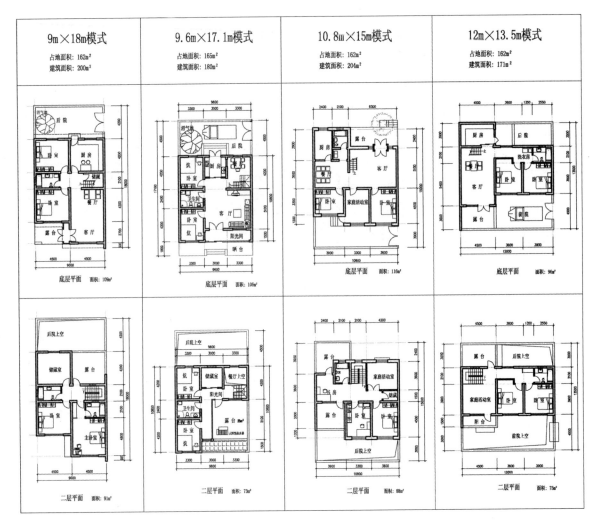

图 5-3 二分半模式

10.8m×15m三间房模式，北入口，设前露台、后院；

12m×13.5m前后院模式，"T字形"空间布局，以前后院为间隔，入口在东西侧设置，可南北方向组合。

5.1.3 三分地模式

三分地（200m²）是陕西省塬川地宅基最高用地标准，由于用地条件较为宽松，可以实现院落的多种形态，前院、内院与后院各不相同。结合农业生产、加工的实际需求，在宅院内开辟工作间、储藏室等生产生活的辅助空间，分别为（图5-4）：

9.6m×21m小户型，两间半布局形式，有前后院；

10.8m×18m中户型，三间布局，有前后院；

12m×15m中户型，设有室内车库与内院；

13.8m×13.8m大户型，大三间布局，设后院。

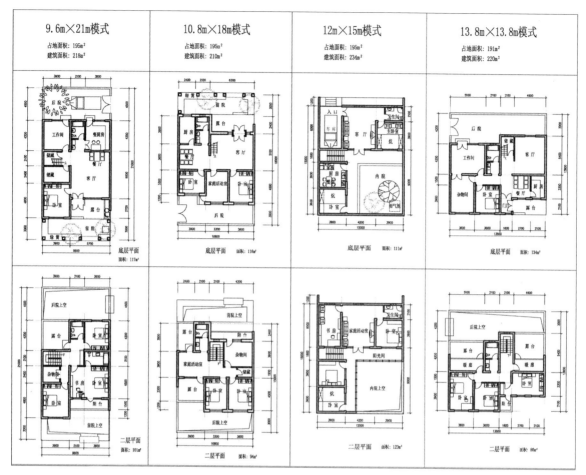

图5-4　三分地模式

5.2 功能空间模式

　　功能空间模式是在用地空间模式的基础上探讨各功能空间的构成及其组织方式，分为三大空间构成：主要居住空间、生活辅助空间和生产服务空间。主要居住空间是指卧室、客厅、家庭活动室等居住活动的使用空间，是居住的核心空间，其品质体现居住水平，是重要的功能构成。生活辅助空间是指厨、卫等辅助空间，虽然占据空间不大，但设施多、使用频繁，是目前农村住宅比较薄弱的部分，也是新民居着力改善的重要辅助空间。生产服务空间是指与农业生产相关的储藏、工作间等，体现农村居住特点，也是改善居住环境、提升生活水平的重要辅助空间。各功能空间的使用面积参考《村镇小康住宅示范小区住宅与规划设计》[123]。此外，院落空间是传统民居中"室外起居室"，在新民居中的形态与功能也会有不同表现，院落依然是农村居住的优势所在，通过围合程度的不同展现其魅力。

5.2.1 主要居住空间

1. 卧室

目前农村户均人口约3～4人，虽然子女未来仍居住在农村的可能性不大，但是为其留有固定房间依然是普遍的做法，所以卧室数目仍在3～4间。朝向以南向为主，一、二层分别设置，一层为辅、二层为主，卫生间就近布置。此外，充分利用空间设置壁柜、衣柜等储藏空间。

开间以3.3m、3.6m为主，进深4.2～4.5m，使用面积大于12m²。充分考虑火炕使用与房间尺度的关系，小炕用9块泥基（约2m×2m），大炕12块（约2m×2.7m），一般3m以上的开间尺寸可以满足炕的使用，炕的位置宜布置于房间一角且应与门留有一定距离（图5-5）。考虑冬季采暖效果与实际使用情况，卧室的面积不应追求过于宽大，不宜超过20m²[124]，限定出私密、温暖的空间效果才是主旨。

继承传统关中民居通用设计与模糊空间特点，北向卧室可以转化为储藏室、工作间，多功能通用设计。有条件的家庭可以利用南向客厅二层较大空间形成主卧室，提升主卧舒适度，配备主卧卫生间与储衣间。随着网络与教育的普及，学习空间也必不可少。书房设置应靠近主卧形成一间半的空间组合关系（图5-6）或临近客厅；既可成为卧室功能的延伸、转化，也是会客的空间；功能多样、空间大小灵活，朝向南北均可。在空间构成上沿袭传统厦房"间半房"的形式，经济实用，是提升卧室舒适度的有效手段。

2. 客厅

客厅的功能一方面是会客厅，靠近出入口、门厅设置，方便邻里间串门、走访；另一方面是家庭团聚，延续传统堂屋功能的场所。以4.2m、4.5m开间为主，面积不宜超过25m²[125]，不追求过大的客厅尺度。客厅的朝向南、北设置均可，依据入口及卧室朝向而定。现代客厅具有综合功能，是堂屋的延续与转化，是祭祀、会客、家庭聚会的场所。由于祭祀功能的弱化，朝向与位置、家具与摆设并没有太多限制，而强调交往的空间需求以及空间舒适度的提升等。根据空间组合需要，可以和入口、餐厅、书房、老人卧室等功能结合布置（图5-7）。

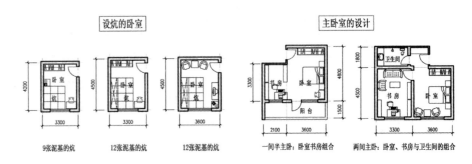

图 5-5　设炕的卧室

图 5-6　卧室间半房

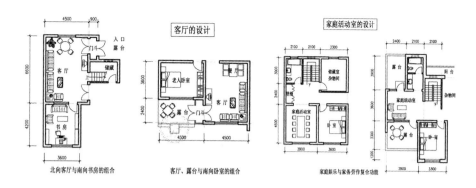

图 5-7　客厅
图 5-8　家庭活动室

3. 家庭活动室

家庭成员使用的二层的起居室，联系二层局部退让的露台，形成半室内、半室外的空间。大小灵活，功能多变，可以是家庭娱乐、活动空间，也可以是家务劳作的空间，具有模糊空间、过渡空间的性质。农村居住的特点在于宽松的空间环境，共享通用的空间能够提供随意、舒适的居住氛围，家庭活动室就是多义复合的空间（图5-8）。

5.2.2 生活辅助空间

1. 餐厨房

单一炊事使用的厨房，开间3m以上，进深2.4m左右，使用面积大于6m^2，宽敞、明亮，临近后院或入口设门便于出入。针对关中农村餐饮习惯以及常住人口少的现状，提出"餐厨房"概念，以普通卧室的大小（使用面积大于10m^2），设置简餐台，在厨房内同时兼顾做饭与用餐的功能。关中饮食文化的特色在于面食与凉菜，较少烹炒，适于放置餐桌椅形成简餐台，同时成为面点制作操作台，亦是家务劳作的共享平台。面点制作简餐台尺寸约800mm×1000mm，并附以2～3个餐椅为宜，满足常住人口使用。也可以在客厅设置大餐桌，或开辟独立餐厅。此外，鉴于就餐习惯往往在室外的特点，入口露台、前后院都是就餐空间，不一定追求餐厅的固定性，并根据季节灵活使用（图5-9）。

2. 卫生间

综合考虑现实设备与管网配套条件，一、二层分别设置卫生间，共约2～3间，根据楼层与使用需要侧重有所不同，其中一个卫生间考虑洗衣功能，另1～2间以洗浴、如厕为主（图5-10）。将淋浴、洁面与坐便等功能分开设置，形成不同单一功能的小卫生间，便于使用与排污处理。卫生间宜临近卧室设置，首选明厕。在卫生洁具的选择上首选上文所介绍的无水马桶、生态厕所等节水器具，同时利用沼气解决排污等问题。卫生间的尺度从1.5m×1.8m洁厕卫生间组合、1.5m×2.7m基本卫生间组合、2.1m×3m洁浴洗卫生间组合等不同选择，可根据家庭规模、卫生需求和空间大小酌情选取。

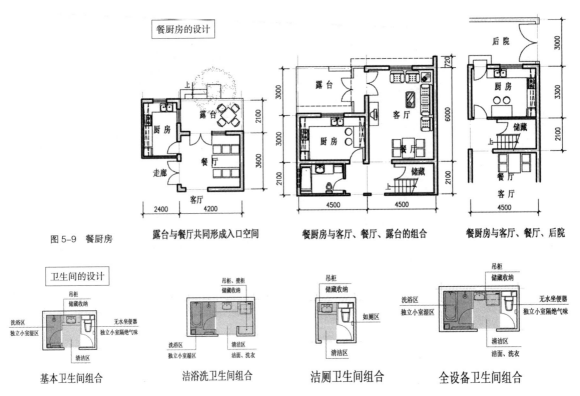

图 5-9 餐厨房

餐厨房的设计

露台与餐厅共同形成入口空间　　餐厨房与客厅、餐厅、露台的组合　　餐厨房与客厅、餐厅、后院

卫生间的设计

基本卫生间组合　　　　洁浴洗卫生间组合　　　　洁厕卫生间组合　　　　全设备卫生间组合

图 5-10 卫生间

5.2.3 生产服务空间

1. 储藏室

为了便于农产品的运输与储藏，应充分考虑提升设备的设置（图5-12），储藏室应靠近后院、露台，并且以北向为宜（图5-11）。一般面积约10m²，用于临时农产品储藏。对于储藏量较大的家庭，建议修建地下室（或地窖）、半地下室，地下储藏室更有利农作物储藏。

生活物品储藏功能化，利用边角空间，区分不同物品特点分别设置有针对性的储藏空间。楼梯下方、走廊、入口等地方充分利用空间收纳物品。将储藏化整为零，厨房、卫生间、卧室各自储藏。

随着农业机械的普及，农用车辆需要占据较大的空间，而机动车辆的占有量也在逐步增大，所以车库的需求不容忽视。车库与院落、储藏室应有良好的联系，便于出入，易于上下货物（图5-12）。车库对于建筑质量要求不高，可以是较为简易、非固定的棚户房。

储藏室的设计

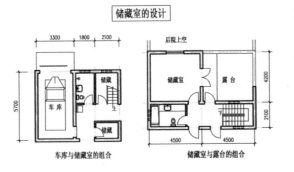

车库与储藏室的组合　　　　储藏室与露台的组合

图 5-11 储藏室

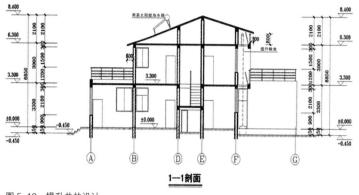

图 5-12 提升井的设计

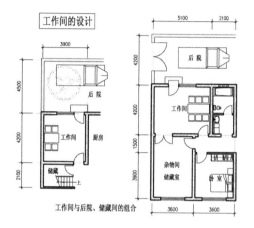

图 5-13 工作间

2. 工作间

工作间提供家庭农作物简单加工、劳作空间，朝向限制小，应靠近后院设置，并与储藏室联系方便。适用于有家庭作坊式操作需求的家庭设置，也可以是普通农户家庭劳作室、储藏间（图5-13）。储藏的季节性不利于空间有效利用，可将工作间、家庭活动室、储藏室根据使用设置变单一功能为多义空间，功能灵活可变。空间大小根据实际使用确定，如是预留空间，可参考普通卧室的尺度，使用面积在10m²以上。对于加工需求大的农户，则可扩大面积，将家庭活动室、储藏室置换为工作间。考虑加工可能产生的噪声、污染等问题，加工仅限于与农业相关的粗加工，或手工艺品制作。

5.2.4 院落空间

院落空间是民居设计的重要组成部分，通过建筑形体与组合关系的变化，空间形态与功能多样，职能重要且不可或缺。单门独户的农家小院是传统农村的居住方式，随着集约化、集中式的发展趋势使得居住由平面向空间发展，但院落的居住方式在农村仍具有优势。院落并不意味着还是像过去那样狭窄，空间比例上的调整将是未来院落生活的契机。在院落之外可以形成公共庭院和小广场，改善传统村落公共空间的不足；院落内是家庭私密庭院，提供层次丰富的场所空间。居住的个体单元是家庭，同时考虑住户之间的劳动合作，进一步形成扩大单元，以一定规模的住户共同居住在同一个组团中，在这一个层级中住户可以实现邻里交往。

院落的具体形式多样，根据设置位置大体上可分为前院、内院和后院三种；根据用地条件，还可分为前后院、单一前或后院；根据围合程度不同分为建筑半围合、全围合和墙体围合等不同形式。内院在传统关中民居中较为常见，前院以半围合、半开敞绿化庭院为主，用地紧张时可以退让一定宽度，例如参考图5-7、图5-9中退让2.4~3m的露台，强调入口空间，形成邻里公共交往的场所。后院一般为生产生活辅助服务空间，供停车、水窖、沼气池（设在地下）、堆放杂物等使用（图5-13）。

利用前后院的空间满足日照间距要求，提供紧凑、集中的建筑组合方式。满足大寒日满窗日照3小时的要求，日照间距在1.42倍建筑总高以上。一般前后院宽度分别在3~4m，建筑檐口高度在6m左右，同时利用退台、露台的设置满足日照间距要求。

空间围合方式的不同，可以创造出不同的院落空间与场所（图5-14）：

1. 平面组合

（1）前后并置，院落与建筑成为前后关系，随占据空间大小不同，但是没有明确的围合与被围合关系。

（2）半围合，建筑形成"L"形或"T"形，将院落半围合，院墙、界墙完成围合，院落成为前后院或内院的形式。

（3）四面围合，传统关中窄院的建筑全围合方式，内院封闭完整。

（4）建筑拼合，不同于内院围合，而是宅院本身成为围合元素，建筑之间的错位与组合形成外庭院。

2. 竖向院落

竖向空间上的院落组织，利用退台、露台在不同楼层上的变化，形成三维空间的院落。可以形成叠合、错位等空间院落。例如菊儿胡同、钱江时代垂直院落

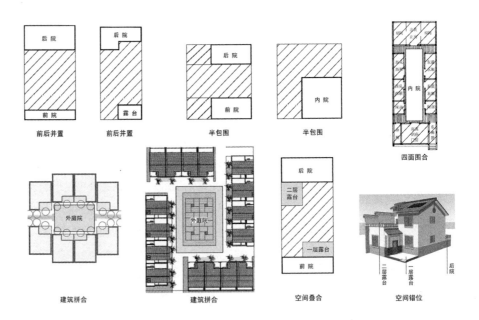

图 5-14 院落空间

都是探讨当建筑向高度发展时院落如何竖向分布以及居住与院落的关系。摆脱传统院落水平延伸的布局方式，是新民居竖向、集中转型必然面临的问题。空间院落提供人与外界的过渡空间，丰富空间构成，改善由于竖向发展带来的与自然疏离的问题，提供全方位、多层次的院落空间。

3. 季节空间

在院落的时空关系上，季节的不同，院落空间提供不同的使用功能。阳光间、南向庭院是冬季的院落；北向院落、后院是夏季纳凉的地方，建筑之间的遮挡提供阴凉，季节性差异是设计应关注的重要侧面，包括农忙与闲暇时加工晾晒与休闲娱乐的功能置换以及婚丧嫁娶对场所的特殊要求等方面。房前屋后、院落内外、街道、村落都可能是使用的对象，所以有意识的空间围合与预留庭院将成为季节空间的关注点，场所并不是单一功能的地点，而是伴随着时间与行为发生变化的空间。

5.3 技术指标

空间模式的研究关注"当其无有室之用"是无的部分，而技术指标则是研究有的部分，实体建筑构件。通过定量分析，明确建筑各构件间的组成关系、设计原理和材料构造方法。首先，由于建筑与所处自然环境的紧密联系，自然气候的影响最为显著，关中处于寒冷ⅡA区属采暖地区，居住建筑中外围护结构的传热耗热量占到总传热耗热量的80%左右，所以技术指标重点在于确定围护构件的各项定量指标，包括屋顶、墙体与门窗等构件的材料与构造相关技术。其次，太阳能利用、自然通风、遮阳等技术的应用研究也与上述构件相关，本书重点阐述适宜技术应用与建筑空间的结合。

5.3.1 坡屋顶的设计

1. 气候条件与屋顶坡度的关系

坡屋顶坡度的形成首先是由于降雨因素所决定的，随着建筑材料与结构形式的改进，屋顶排水能力提升。其次是日照条件对于坡度的影响较大，正午太阳辐射强度最大时，等双坡屋顶南北两面坡，坡屋顶的坡度小于大暑太阳高度角时，太阳直射辐射能最小；坡屋顶的坡度大于大寒日太阳高度角时，太阳直射辐射能最大[126]。坡屋顶的坡度介于大寒日太阳高度角和大暑日太阳高度角之间，有利于夏季防晒，冬季受阳。

太阳赤纬角计算公式见式（5-1）[127]：

$$\delta = 23.45 \sin\left[\frac{(N-80)}{370} \times 360\right] \qquad (5-1)$$

太阳高度角计算公式[128]:

$$\sin h_s = \sin\varphi \cdot \sin\delta + \cos\varphi \cdot \cos\delta \cdot \cos\omega$$

$$h_s = 90 - (\varphi - \delta) \quad 当\varphi > \delta时$$

$$h_s = 90 - (\varphi - \delta) \quad 当\varphi < \delta时$$

式中　δ——太阳赤纬角（°）；

N——所计算日子在一年中的日期序号；

h_s——太阳高度角（°）；

φ——地理纬度（°）；

ω——太阳时角（°）。

关中地区纬度在北纬33°~35°之间，以34°计算：

则大寒日与大暑日正午时太阳高度角：

赤纬角计算：大暑时（7月21日左右）　$\delta = 20°00'$

大寒时（1月21日左右）　$\delta = -20°00'$

正午时$\omega = 0$

大暑时：$h_s = 90° - (34° - 20°) = 76°$

大寒时：$h_s = 90° - (34° + 20°) = 36°$

综上，关中地区南北向等双坡屋顶坡度介于36°~76°之间有利于夏季防晒，冬季受阳。综合考虑屋面排水能力、屋架形式、建筑层高等因素以及冬季寒冷的气候条件，机瓦、彩钢瓦等屋面材料特性，建议屋顶坡度的选取应在35°左右。

2. 温湿度与坡屋顶构造关系

关中地区属于暖温带半干旱半湿润地区，空气干燥、气候冬冷夏热，适于蓄热量高、热阻大、厚重的屋面保温材料，以满足建筑的保温隔热需求。参考关中地区围护结构节能50%构造设计方案[129]：在屋顶构造中添加一定厚度的保温材料将有效提升建筑的保温隔热能力（图5-15）。采用秸秆板作为保温层，厚度80mm；或采用硬质岩棉板、聚苯乙烯泡沫塑料作为保温层，厚度50mm。

屋面材料多样，小青瓦、机瓦、彩钢板、波形瓦等等，因地制宜，经济适用，把握材质色彩与肌理，符合总体设计造型为主旨。屋顶使用钢、木等现代建材，延续单坡屋顶防风、防尘、排雨等优点，并加装太阳能热水器等设备，改变屋顶材质、肌理与坡度，但是其形式是传统的继承，更是内容与形式的统一。

3. 太阳能集热器与坡屋顶构造

由于太阳能集热器占据一定空间，同时考虑集热效率，首选屋顶作为集热器的放置平台。集热器安装的倾角近似等于当地纬度，可获得最大年太阳辐射照量，冬季获得最佳太阳辐照量倾角大于当地纬度角约10°，夏季获得最佳太阳辐照量倾角小于当地纬度角约10°；其次，方位角以正南朝向，或南偏东、偏西40°

范围内[130]为宜。平屋顶安装热水器等设备，在解决承载力、连接点与保护层的问题之后较为简单易行。坡屋顶与集热器的安装构造方法详见图5-16，集热器直接固定在坡屋顶的预埋构件上，储水箱放置在阁楼或其他辅助空间内，分离式安装对屋顶破坏小但管线较长。也可以直接将集热器安装在屋顶之上，以角钢支架固定，安装简便但以易对屋顶造成损伤。

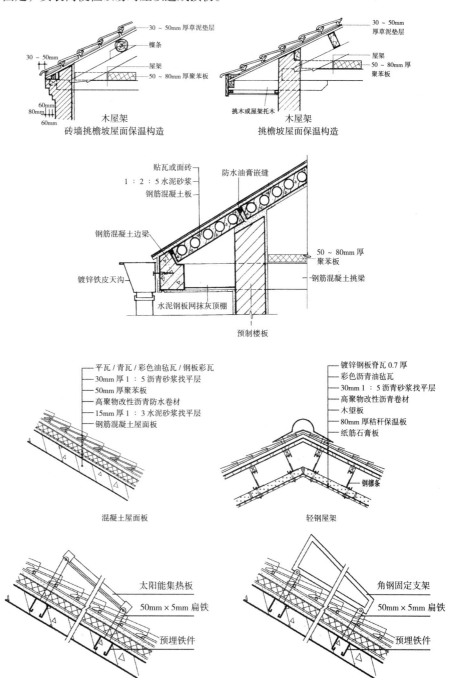

图 5-15　坡屋顶保温构造示意图

混凝土屋面板　　　　　　轻钢屋架

图 5-16　集热器与坡屋顶　　　　集热器直接固定在屋顶上　　　　热水器固定在预制支架上

5.3.2 墙体设计指标

1. 墙体保温构造

选择厚重型墙体保温构造，重拾生土与青砖，回归传统，作为填充墙体材料局部使用。生土墙体可分为土坯与夯土两种（图5-17），土坯的做法是由黏土、碎草胶合在一起，装入模内拓成原型经晒干而成，常见尺寸是：39cm×26cm×13cm，墙厚30cm左右。夯土墙是一种古老的构筑方法，其施工技术是在土墙两边设支撑，约2m长划分为一段，厚度随地区和土质的不同而不同，从40cm到75cm不等[131]。

此外，建议建筑外墙采用370mm厚多孔砖，并添加保温层，首选外保温构造方式（图5-18）。保温层采用秸秆板，厚度80mm；或采用硬质岩棉板或者聚苯乙烯泡沫塑料作为保温层，厚度50mm。

利用农村资源优势，例如以谷物稻草为原料制作秸秆砖、草砖等生态环保建材。在关中东北试点推广的草砖房（图5-19），是以农业废弃物（稻、麦草）作为主要墙体材料，适合冬季严寒地区，草砖房的总体能源效率比传统黏土砖房高出72%，冬季每户节约取暖燃煤40%～50%，比传统砖房在保（恒）温方面也具有较大优势[132]，适用于关中农村新民居建设。秸秆砖墙厚度在50cm左右（图5-18，秸秆砖外墙），密度80～120kg/m^3[133]，关中地区为寒冷地区其厚度可依据计算调整，秸秆砖的高宽尺寸受捆扎机压缩通道的尺寸决定，故尺寸有一定变化余地。

图 5-17　生土墙体　　　　　　　　夯土墙　　　　　　　　　　　　　土坯墙外草泥抹灰

图 5-18　外墙保温构造　　　　聚苯板外保温　　　　　秸秆板外保温　　　　　秸秆砖外墙

图 5-19　草砖房

2. 减小建筑体型系数的措施

体型系数$S=F_0/V_0$，是指围合建筑外表面积与所包裹的体积的比值。建筑体型系数越小则意味着外墙面积越小，也就是能量流失途径越少，具有节能意义。民用建筑节能设计标准中规定，寒冷地区建筑的体型系数宜小于或者等于0.3；"陕西省农村住宅通用设计图集（2008）"[134]规定体型系数宜小于0.55。通过计算分析，以礼泉小高村高应东宅正房（A点所在建筑）为例，如将层高由4m降低至3m，增加层数至两层，扩大进深至8m，则体型系数将由0.78改变为0.62。再进一步从建筑组合的角度改变单家独院的现状，多户房屋并联长度至60m左右（考虑砖混结构抗震缝的设置），那么将极大改善体型系数与建筑保温隔热性能。

总结上述减小建筑体型系数的措施如下：

适宜的尺度、科学与人性化的设计：降低建筑层高至3m左右，增加建筑层数至两层及其以上。

综合考虑采光、日照等因素进深加大至8~10m，内部空间组合分布，卧室、客厅南向布置，北侧设置厨卫、仓储等辅助房间作为过渡空间。

兼顾节地与节能的建筑组合关系：提倡多户并联的围合组织，形式类似联排小住宅，以4~8户为宜，建筑长度控制在60m左右。

5.3.3 门窗设计要点

1. 被动式太阳能利用

控制开窗面积。《民用建筑节能设计标准（采暖居住建筑部分）》GJG26—95规定窗墙比北向不大于0.25，东西不大于向0.3，南向不大于0.35；《严寒和寒冷地区农村住房节能技术导则（试行）》规定北向不大于0.3，东西不大于向0.35，南向不大于0.5；《陕西省农村住宅通用设计图集（2008）》规定不大于0.5。所以关中地区应符合北向不大于0.3，东西不大于向0.35，南向不大于0.5的要求，结合被动式太阳能利用措施，可适当增大南向开窗面积，减少北向开窗面积。

"享受日光"的阳光间（图5-20）。冬季日照强度低，不利于能源的有效利用，可将太阳能作为采暖能源的补充，"享受阳光"成为新民居被动式太阳能利用的主要设计思路，暖廊和阳光间可带来较好的使用效果。利用现代民居入口门

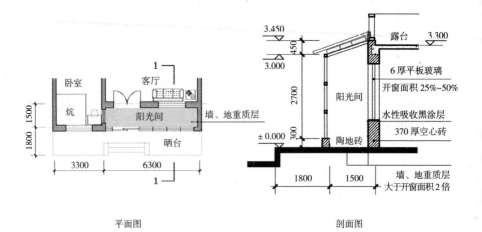

图 5-20　阳光间设计（单位：mm）

平面图 (labels: 卧室, 客厅, 炕, 阳光间, 墙、地重质层, 晒台, 1500, 1800, 3300, 6300, 1)

剖面图 (labels: 3.450, 3.000, 450, 2700, 300, ±0.000, 露台 3.300, 6厚平板玻璃, 开窗面积25%~50%, 水性吸收黑涂层, 370厚空心砖, 阳光间, 陶地砖, 1800, 1500, 墙、地重质层 大于开窗面积2倍)

廊的空间，加宽至2m左右，设玻璃隔断，由于玻璃的温室效应，可改善南墙下晒太阳冷风拂面的不适，设于入口处也便于邻里交往。材料易得、制作简单，造价低廉，在生活习惯上延续"墙-院文化"，成为阳光间的又一使用方式。

2. 保温隔热构造

提升门窗保温性能，将单层玻璃改为双层玻璃；增强密闭减少冷风渗透，使用塑钢窗；采用加设密封条或包窗脸的办法，改善木窗气密性。加大窗扇，减少窗格划分，在满足换气的要求下减小可开启面积，减少缝隙长度。

新建房屋建议使用50mm厚夹板木门和单框双玻璃木窗，在经济条件许可的情况下推荐使用中空塑钢窗。避免北向开户门，通过设置门斗改变开门方位，减少热损耗。门斗结合附加式阳光间设计，起到保温得热的作用。通过设置门斗、棉帘，增加窗扇等措施会极大改善门窗的保温效果，现状门窗的改造措施具体见表5-1。

外门和外窗改造措施　　　　　　　　　　　　表5-1

序号	类型	改造前状况	改造措施
1	单层木门	门扇质量较好	改为双层木门，原外开木门在内侧加内开木门；原内开木门在外侧加外开木门
			加棉门帘
			加门斗
		门扇质量不好	更换为平开双玻中空塑钢门
2	单层铝合金门	门扇质量、密封较好	增设一层铝合金门
			加棉门帘
			加门斗
		门扇质量、密封不好	更换为平开双玻中空塑钢门
3	单层木窗和单层铝合金窗	窗扇质量、密封较好	增设一层木窗、铝合金窗
		窗扇质量、密封不好	更换为平开双玻中空塑钢窗

3. 门窗遮阳

关中夏季炎热，日照强烈，应采取有效的遮阳措施减少过多的日照进入室内。尤其在南向开大窗、设阳光间的情况下更要通过设置遮阳构件避免夏季过热。

（1）水平式挑檐

$$L = H \cot h_s \quad \cos\gamma_{s,\,w}^{[135]} \qquad （5-2）$$

式中　L——水平挑檐长度（m）；

　　　　H——水平板下沿至窗台高度（m）；

　　　　h_s——太阳高度角（deg）；

　　　　γ_{sw}——太阳方位角与墙方位角的差值，deg，如墙为正南向，则表示为太阳方位角。

（2）坡屋顶挑檐

南外窗上的阴影高度可有下式计算：

$$H' = L_y \sec\alpha \quad \tan h - d^{[136]} \qquad （5-3）$$

式中　L_y，d——分别为檐的挑出长度和檐下至窗顶的高度（m）；

　　　　α——檐的坡度（deg）。

用上式计算得出的$H' \geq H_w$时，外窗全部被阴影覆盖，则取$H' \geq H_w$（H_w为窗高）。

遮阳挑檐长度计算时（图5-21），要看具体的建筑窗高和坡屋顶坡度等，以上这两个式子为各个因素之间的关系，具体建筑可以带入具体数值计算。

4. 自然通风采光

建筑总进深控制在14m以内，南北门窗通透、对位，与当地夏季的主导风向相一致，形成穿堂自然通风。多层建筑建议升高楼梯间，设置侧高窗，通过楼梯井的抽拔效果，加大风压、热压促进通风，并利用热压作用增强客厅、厨房的自然通风。也可以通过设置通风管道加强效果（图5-22）。

目前民居开窗普遍较大，采光效果较好，需注意的是控制房间进深，单一房间进深控制在8m以内，有利于自然通风与采光。

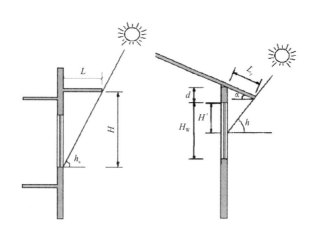

图 5-21　遮阳构件设计

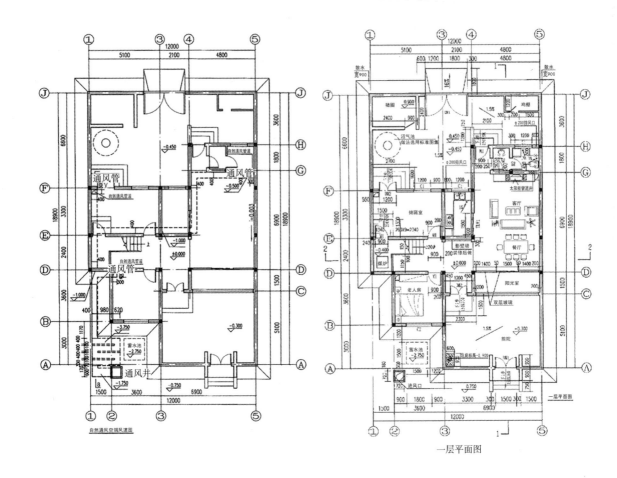

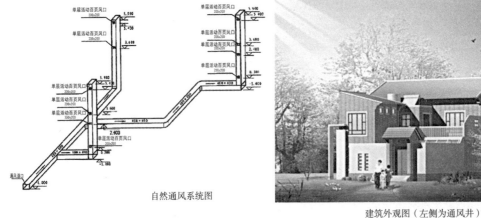

自然通风系统图

建筑外观图（左侧为通风井）

图 5-22 自然通风设计示例

5.4 地域语言模式

5.4.1 形式语言

1. 适宜的尺度

从传统村落、民居小巷和窄院中发现小尺度带来的亲切感和空间领域感，尺度的延续，或者比例关系是新民居尤为重要的形式语言。借鉴传统街道、建筑的小尺度以及适度的居住密度，创造宜人的居住氛围。它包含具体尺寸的选择及相对尺度关系的推敲。在具体尺度上，拓宽传统窄院，新民居由于建筑层数的变化，绝对尺寸势必扩大，但院落高宽比仍为1∶1左右。村落街道尺度关系上应接近历史尺度，街道高宽比在1∶1~1∶2左右；同时增加街道节点，如小广场与外庭院等，用局部放大的外部空间调节单一的线性街巷空间。

2. 空间的围合

传统关中民居围合性、空间感强，新民居集中的建筑空间组织在院落的围合方面比较忽略，通过对围合的强调以及上文所述的适宜尺度共同营造人性化的居住空间。

（1）多重围合。通过建筑空间的组织创造院落、街巷的多种形式、多重围合。强调"墙—院文化"的实质与表象：墙体与建筑的共同围合、层层围合。

（2）开阖收放。在空间组织上收放自如，院落内宽窄变化，街道外有收有放。创造富于变化、富有张力的空间效果。

（3）层级空间。由围合和收放等手法营造丰富的空间层次，从民居内部到外部、街巷，再到公共空间的多种空间层级体验。

3. 入口空间

民居入口空间继承槐院—门楼等构成要素，槐树、大门、门楣题字、石鼓门墩……使之成为家园氛围塑造的重要手段。精美砖雕装饰的高耸墀头则是关中民居的符号语言，是挡火山墙，也是户与户的分隔（图5-23）。

图 5-23　入口空间细部

4. 细部设计

（1）门窗设计：用门头、窗套等强化门窗的虚实对比、重点装饰。用双层木窗、中空塑钢窗对支摘窗、单层木门窗进行替换；强化阳光间玻璃材质与实体墙的对比关系。

（2）歇阳与抱厦：歇阳是屋顶到檐下空间的过渡，是室内到院落的灰空间。抱厦将窄长院落尺度关系改变，丰富空间层次。

（3）现代建材的传统演义：用轻钢结构、钢木复合结构、钢筋混凝土框架结构对传统木构架进行更新；以高分子材料、可再生材料、保温隔热材料对传统小青瓦、墙砖进行改造；对单坡屋顶、山墙墀头、门楼等具有象征意义和实用功能的传统建筑细节进行现代演变。

5. 建筑色彩

（1）青白灰的色彩主调，砖石木雕等传统民俗、手工技艺与现代艺术结合。

（2）生土墙体的腰檐与穿靴戴帽；面砖、砖墙肌理的错缝搭接、组砌变化；涂料抹灰墙面的灰、白色彩选择，构成墙面细部划分与色彩肌理。

（3）多种地方材料的建构与肌理，以材料的多样化体现色彩的表达。

5.4.2 材料肌理

根据不同县域特产的不同，开发不同的建材，材料选择多样化。例如：户县出产水泥，与之关联的水泥砖大行其道，普及程度也与当地政府的引导有关（图5-24），水泥砖青灰色的材质与青砖有着类似的肌理。以这样的思路分析，澄城县的火力发电厂与采石场，其副产品为粉煤灰、碎石粉，已成为本地的建材原料（图5-25），粉煤灰一般成为屋顶材料，具有找坡兼保温隔热垫层的作用，石粉搅拌水泥比砂石更便宜。富平陶艺村在国内外具有一定影响，其产品之一就是建筑陶瓷，米色、土红色系陶砖的独特质感也是本土建筑的创作灵感来源（图5-26）。此外，澄城县尧头镇自古烧制陶瓷，自然形成用废陶片等材料砌筑墙体，形成特有的肌理（图5-27）。还有前文介绍过的马清运西安蓝田玉山井宇的青红砖肌理（图1-5，图5-28）以及他另一个作品父亲住宅，采用玉山当地河床的卵石，在混凝土框架下砌筑出张力十足的深浅两色石材的肌理（图5-29）。本土生土和青砖等传统材料以及秸秆、草砖等可再生材料也具有独特的肌理（图5-17，图5-19）。

图 5-24　水泥砖砌筑效果

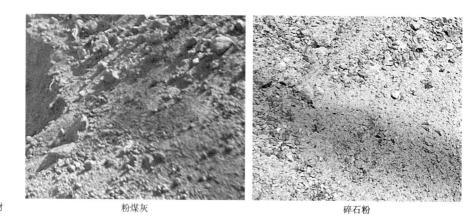

图 5-25　工业废料作建材

　　　　　　　　　　粉煤灰　　　　　　　　　　　　　　碎石粉

图 5-26　富平陶艺村建筑

图 5-27　澄城尧头镇小程
村陶罐墙

图 5-28　井宇青红砖

图 5-29　父亲住宅石材

充分利用成熟技术、工艺和设备，优先采用当地原材料。取之于地方物产，简单加工，利用其材料肌理与保温隔热的性能，就能建构出富于地方特色的建筑。如此具有地域性特征的建材，在关中农村比比皆是，无论从文化上还是生态性能以及经济性都极具发展前景。多样化的材料选择，实现多彩多姿的建筑表达。

此外，像户县以农民画闻名，将其变为山墙壁画（图5-30），将具有地域特色的手工艺术作品普及推广，并应用于民居建筑中。在发扬地域手工艺品、保护传统民俗的同时避免工业化、商品化建材的千篇一律，强化装饰的地域特征。还有华县皮影、拴马桩与石磨等也都可以成为装饰的艺术品，虽然功能退化，但文化的记忆尚存。

5.4.3 建筑组合

民居的组合应改变目前单一的行列式布局，带来整体村落和聚落的个性特征，具体手法如下：

1. 错位围合（图5-31），通过院落前后左右相对关系的变化和差异实现空间围合。院落的错位组合在线性街道退让出局部加宽的外庭院，成为衔接槐院（半私密性空间）的具有公共性、开放性的过渡空间，丰富了村落街道的景观构成。

2. 旋转变化（图5-32），通过院落的旋转、倾斜等变换，改变组合形式。院落沿曲线、折线等旋转、扭转或渐变，逐渐退让围合出外庭院，或者通过收放手法改变街道的形态与走势。

图 5-30　户县农民画

图 5-31　民居组合方式：错位围合

六户组合　　　　　　七户组合　　　　　　八户组合

3. 自由变换，充分利用地形、河流的起伏变化等自然要素，运用错位围合、旋转变换等组合手段，创造富于变化的空间与建筑组合。自由变换在于对环境要素的把握，形式多变、自然流畅，有意识地创造空间形态（图5-33）。

从土地集约化使用的角度，探讨村落空间形态和宅院组合的途径，聚集成村，围合成院。以6~8户为基本单元，单元规模适中，有利于相互照顾、生产互助扶持，方便老年人之间串门聊天。形成类似于小区组团的结构层级，以宅院的组合并置、错落等围合创造多层级的空间，丰富村落景观层次，塑造宜人的居住氛围。通过民居建筑的组合，强调聚集与围合，节约土地，打破线性街道呆板景象，赋予村落生机与活力，提供邻里交往的空间条件。从6~8户的组团这一基本单元逐步发展扩大，成为村落的生长单元，形成规模化的聚落、村落。

关中新民居模式由空间模式、技术指标和地域语言模式三大部分构成，分别从建筑空间、技术与地域建筑文化等方面勾勒新民居的面貌。从整体空间组织的角度，提出以间为单元的构成方式，回溯三间房的原型，演化出大小三间、两间半等多种模式；以户为单元的构成方式，打破封闭内院，促成外庭院的围合；再从民居内部空间构成的角度划分出主要居住空间、生活辅助、生产服务、院落空间，并逐一阐述其空间需求与特点、设计要点与构思，提出餐厨房、家庭活动室、工作间、储藏室等针对农村生活需求的新空间模式。进而提出屋顶坡度与材料构造、墙体、门窗设计要点等技术指标以及细部设计、材料肌理、建筑组合等地域语言模式，以期成为新民居设计和建设的技术支撑。

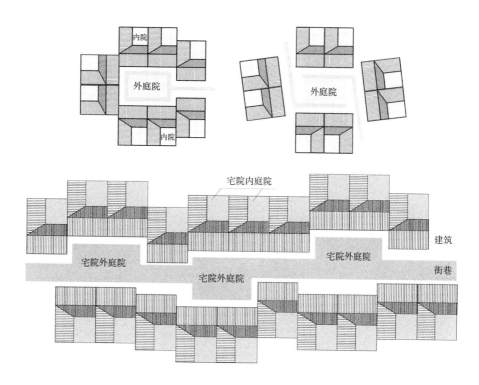

图 5-32　民居组合方式：旋转变化

图 5-33　民居组合方式：自由变化

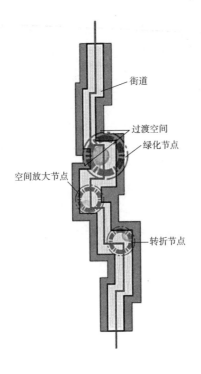

街道

过渡空间
绿化节点

空间放大节点

转折节点

图 5-34 改善线性空间

5.5 外部空间设计

5.5.1 边界塑造

　　街巷作为传统外部空间的重要代表，具有过渡边界的内向性、线性等特征。在关中村落中街巷是相对封闭的空间，尤其是小径，宽度狭窄、两侧建筑高耸，在这种狭长幽暗的空间中，若其尺度不适宜，易造成压抑感；同时，这种线性空间的边界生硬，缺乏适当的空间过渡，会阻碍社会活动的开展。在保持街巷线性特质之上，注重边界和过渡空间的塑造，通过廊檐、入口等手段提供交往的平台，提升空间公共性，有利于创造富有活力的街巷生活。改善线性公共空间的停留性和开放性，应从改善空间边界入手，需从以下几个方面精心设计进行边界塑造（图5-34）：

　　人性化尺度方面，路径随地势起伏、水系蜿蜒，尽可能成自然形态；长度适中，以步行尺度约300~500m为宜；高宽比约1：1为宜；空间指向性强（保有线性特征），并具有连续性；依据功能需求穿插点状、面状放大空间，形成具有节奏和韵律的节点。

　　界面塑造方面，通过檐口、立面处理、树木栽植等做法，在线性空间边界辅以柔性灰空间，丰富层次、进退得宜；空间界面在统一秩序之下富于变化，寻求开阖收放的变化。打破呆板空间形态在于细部处理，坡屋顶檐下空间、屋脊砖雕、硬山墀头、门前绿化，在街道与建筑之间添加过渡空间与介质，介于建筑立面与道路界面间，宅院、街巷内与外的过渡。"in between"介于之间，是线性空间精妙所在。

　　使用上的功能混合性、强化参与性，让空间承载行为活动，也是街巷具有活力的重要因素。在尺度宜人、边界层次丰富的线性空间下，彰显地域特征、文化特色也是重要的方面，使之具有意象性，呈现可以识别的独特风貌，主要通过建筑及环境小品来体现。以地域传统文化为滋养，运用地方材料特有的肌理，辅以鲜活的生活行为，才会成为具有灵性的特色外部空间，让人流连忘返、沉醉其中。

5.5.2 人文场所

　　场所作为实体形态，有空间和精神两方面的内容：空间即场所元素的三维布局；精神即氛围，是空间的界面特征、意义和认同性。人文场所更赋予承载地域性文化生活的人性化空间，场所或景观不是向人展示的，而是供人使用、让人成为其中的一部分。"紧密的结构，短捷的步行距离，美妙连续的空间，高度的混合功能，活跃的建筑首层，卓越的建筑和精巧设计的细部——所有都是基于人性化尺度的……这些都流露出一种对步行的诚心诚意的邀请"[137]。传统村落阡陌交通，鸡犬相闻，是让人萦绕心间的乡愁。现代村落与社区在空间的物质性上无疑是超前的，人文场所的营建将弥补文化与特色的不足。其重点在于通过公共空间体现地域文化特色，主要有两个方面：

一是中小学、幼儿园、村委会、卫生所、商业、养老、物业管理等服务配套设施，应借鉴传统村落街巷尺度，弥补其开放空间不足的缺点，增加适应现代交往、娱乐活动的新场所、新空间。尤其是突出老人与儿童的使用要求，进行无障碍设计与游戏设施的设置。

二是文化站、戏楼、社区中心、公共活动广场等文化娱乐场所，具有承载传统农村民俗文化的功能，是体现地域特色的重要元素，更是新风貌、新文化的重要组成部分。将农村婚丧嫁娶与街巷、广场二者有机结合，拓展戏楼文化站使用功能，增加节庆活动等社会性服务，干预和引导新风尚的形成。通过不同空间与场所的塑造，寻求归属感、文化认同和地域特色，造就具有现代意义的新农村文明。

5.5.3 地域景观

自然山水格局下的乡村景观[138]，应该包含层峦起伏的山体、蜿蜒曲折的水系、连绵成片的农田、依山傍水的建筑群落、曲直交错的街巷，这些物质要素的有机组合架构了空间结构形态，构成了农村生态景观格局，蕴含着天、地、人和谐相处的自然辩证规律，是社会发展过程中不断积淀继承和选择淘汰的结果。关中平原地势平坦，缺少起伏，景观层次少，趋于平淡。并且气候干燥少雨，亦缺少灵动的水景，但四季分明，春夏秋冬景致各有不同。通过景观塑造，尤其是近景、中景，即民居及其街巷的刻画，融合远山、农田以及雨水收集利用的涝池景观，构成一幅舒展、大气、闲适的关中美景。

区别于城市景观，避免城市园林模式，突出关中地域人文特色，营造独有的田园景致，如采用地方树种，包括槐树、柳树、柿子树等，并保持树木自然生长的形态。果树、麦田等既作为农业生产也构成具有生态性的乡村大地景观。此外，土坎、村墙、院墙、小桥、牌坊、祠堂、水塘、井台、磨盘、古树等特有的景观要素无疑使农村景观更加生动、富有人情味。

6.1 方案示例

6.1.1 八合院

本实例是卤阳湖经济开发区村民安置启动区的住宅设计。规划设计以引导和改变失地农民生产和生活方式为出发点，以村民能够接受的居住方式为基本意愿，规划定位为：一至三层为主的低层联排式住宅区，集约布局，节约土地，设施配套，环境品质提升。具体住宅户型是11m×11m、8.1m×13m、7.5m×14m三种用地单元模块及经典户型，并通过建房层数的差异区分出不同经济条件下六至十二种套型面积。以此为基础进行组团设计，南北对位、一至三层错落围合，创造八合院的居住组团空间格局模式。人车分流，邻里共享；前后参差，收放有序；层数自选，高低错落。注重绿化与整体环境设计，形成分配均衡与选择自由结合，风格统一与空间灵活结合，富有典型地域特色和韵律感的小康型拆迁安置示范区。

1. 建筑空间

民居空间组织单元由间向户转化，户成为基本空间单元，通过建筑组合手法的运用，户与户围合，并在每户入口处退让出一定面积的露台，形成外向型公共庭院。打破独门独院的封闭围合，提供街坊邻里共享的交往休憩空间——绿化共享庭院。既打破传统一间一室、长幼尊卑的空间格局，又让封闭的庭院成为共享的开放空间，是传统的革新（图6-1）。

户内空间组合与功能划分：南北入口带来户型的可变因素，创造户型拼合可能，在变化中寻求统一。户内客厅、餐厨、卧室、卫生间内外有别、动静分区、洁污区分，一改现代民居户内空间缺乏组织的弊病。此外分区分类的储藏观念运用其中，在餐厨、卫生间、居室提供精细化储藏空间（图6-2）。

外观造型设计：坡屋顶与南北露台穿插设置，丰富空间造型。一至三层高低错落的不同户型拼合，自由活泼，避免整齐呆板的观感。

层高选取：一层3.3m，二、三层3m，综合考虑现有民居高度、居住心理与节能、经济等方面做出适中选择。

2. 节能节地

材料选择本着经济与节能环保并重的原则，因地制宜、经济适用。原有农舍的木屋架与灰瓦尽可能重复利用，一方面是历史文化与建筑肌理的延续，另一方面充分利用现有材料，经济环保。

外墙为370mm厚多孔砖围护结构，南向设置大窗，直接利用太阳能得热，北向开窗较小遮挡寒冷北风。轻钢骨架灰瓦屋顶，屋顶坡度35°（依据当地气象数据计算），有利冬季得阳夏季防晒；利用坡屋架高度，山墙开侧高窗，架空屋顶隔热，并在吊顶处设80mm厚秸秆板保温层。以上构造措施保证室内热环境舒适，有效减少冬季采暖与夏季降温的能耗。

建筑内部南北门窗对位通透形成自然通风，并利用高耸的楼梯间高窗风压与热压效应加强通风效果，冬夏自主调节。建筑以一、二、三层错落组合，加之较为宽敞的庭园，也有利自然通风。

被动式太阳能利用与太阳能热水系统结合，直接受益式门窗设计、集热蓄热墙、附加式阳光间等技术综合应用；同时，针对坡屋顶形态设置太阳能热水器安装构件与位置。前后排住户间距大于9m，符合日照间距设计要求。

安装夏季活动遮阳构件，南向窗上方设置活动遮阳板；建筑入口既考虑门头设计，又通过添加门斗，保温隔热，是传统门楼的技术转身，总之通过建筑构件设计保证冬季得热与夏季遮阳的优化组合。

3. 关中风情

继承传统关中合院民居精髓和文脉，继承井田制"八家共居"的居住理念，邻里和睦、互相辅助。通过基本居住单元的错位拼合，创造出八户共享的前庭园步行空间与后街车行系统，满足现代生活需求，延续历史尺度与人文关怀（图6-1）。

强调槐树、槐院与入口概念，步行道串起每家每户，户户毗邻、夹道而居。入口通过门斗突出强调，既保温隔热又是传统门楼的现代传承。在每户入口退让的露台旁栽植树木，营造进入家门前"快要到家"的情境。露台上与槐树下正是乘凉、晒太阳的新"槐院"。栽植槐树，在延续关中"槐院"、"门豁"的传统风貌上突破创新（图6-2）。

粉墙、青砖与黛瓦的现代结合，运用现代建筑材料创造地域特色，线条简洁、干练、色彩朴素、明快，突出整体效果（图6-3）。应用机瓦坡屋顶、轻钢屋架、白色外墙涂料与灰色面砖等，以抽象概括的手法实现关中民居的现代诠释。根据土地盐碱、地下水位高等地域特性，种植耐盐碱的地方植被。组团绿地与公共绿地有机结合，步行系统结合八合院共享庭院，创造舒适、宽松的居住环境，开创关中居住新风情。

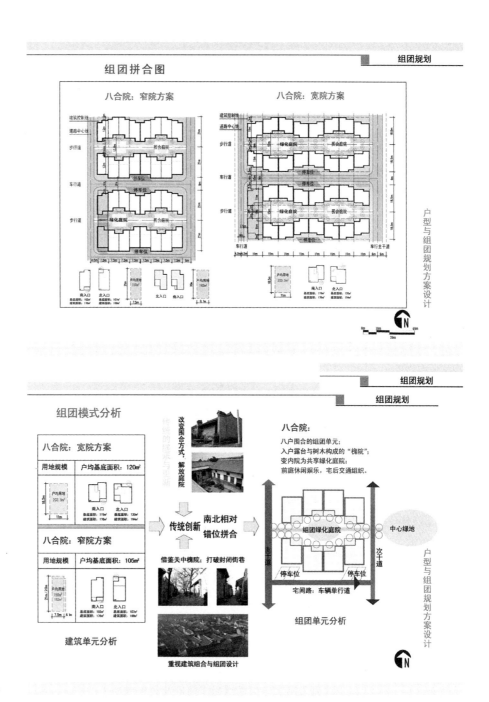

图 6-1　八合院组团拼合

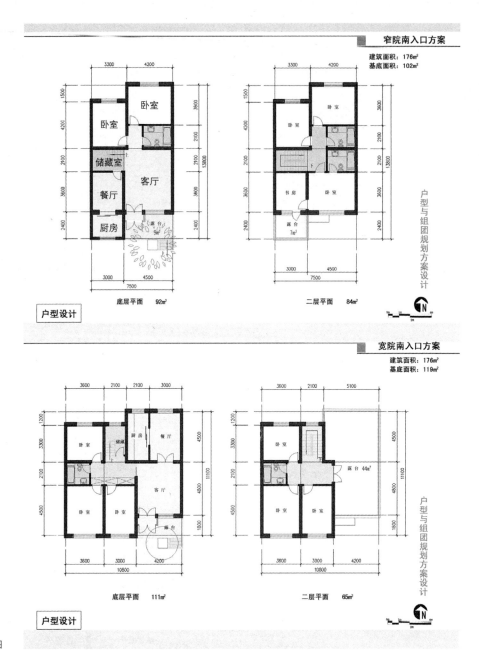

户型设计

底层平面 92m²

二层平面 84m²

户型设计

底层平面 111m²

二层平面 65m²

图 6-2 八合院户型平面图

6.1.2 新里坊

1. 设计构成

里坊是关中曾经的居住模式，对于里坊的追溯，是对本土居住文化的思考与诠释。里坊提供了居住的单元及其组合方式，无法再现历史上的里坊，但是由里坊概念出发，演绎出居住结构及其构成要素的拼合方法，形成新里坊的构思。

户型与组团规划方案设计

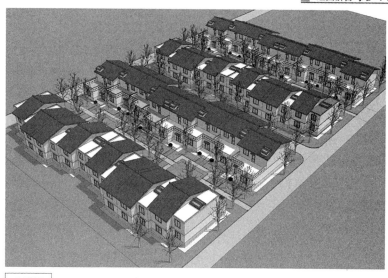

户型与组团规划方案设计

鸟瞰图

图6-3 八合院效果图

　　借鉴唐长安里坊粗放的大网格街道与自由生长的有机住区相叠加的形态，首先对大结构网络进行总体控制，在村落、地块层级获得整体性，选取140m×140m模块，用地1.96ha；然后在小尺度组团层级进行变化，组合拼接自由、灵活。"万字形"道路暗合十字街、坊曲的道路架构，也是户型拼合与空间围合的构成骨架，产生既富于变化又整体和谐的庭院居住环境（图6-4、图6-8）。

　　科学把握大尺度与小尺度、车行尺度与步行尺度，整体与局部、远观与近看

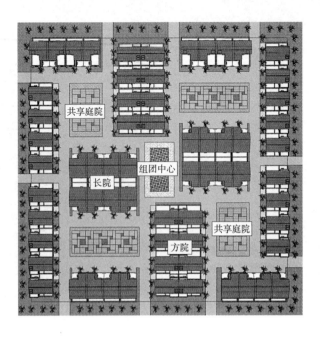

图 6-4　新里坊总平面图

的关系。大尺度宏观控制，小尺度微观变化。通过添加现代建筑所缺乏的近人尺度的细部设计，打破单调、空旷的空间感受，丰富场所的亲切感。

由两种尺度的拼合形成大模块与小组团两种结构，每户院落向心围合成约16户组成的小组团，4个小组团又以向心组合方式围合成大模块，形成共计约64户的居住模块。层层叠叠的包裹、围合，是对关中居住文化的传承，墙—院文化的体现。

共享庭院、道路植栽、宅旁绿地三级体系共同营造绿化住区，道路切割空间，绿化穿插其间，每户宅旁退让1～3m的绿化带，形成私密空间与公共空间的分隔与过渡（图6-4）。

2. 户型设计

东西拼接的9m×15m长院户型，用地135m²（约2分地），以南北入口两种户型背靠组合，各自留出3m后院，形成6m的日照间距；南北拼接的12m×13.5m方院户型，用地162m²（约2.4分地），南北分别空出前后院，保证6m的日照间距。通过院落保证建筑日照间距，提供院落之间四面围合的可能，并最大化节约用地。每家每户均面向共享庭院入户，增强了邻里交往可能性，营造住区亲切感与归属感（图6-5、图6-6、图6-7）。

加强空间的合理配置，控制卧室的开间进深，建筑面积在15m²左右，纠正目前农村房间面积过大的弊病。卧室与客厅尽可能面南，北向房间设置为厨房、卫生间、储藏等辅助空间。设置较大的厨房，可容纳日常简餐进餐之需；同时另设餐厅与客厅并置，既扩大空间，又满足逢年过节、红白喜事的空间需求。

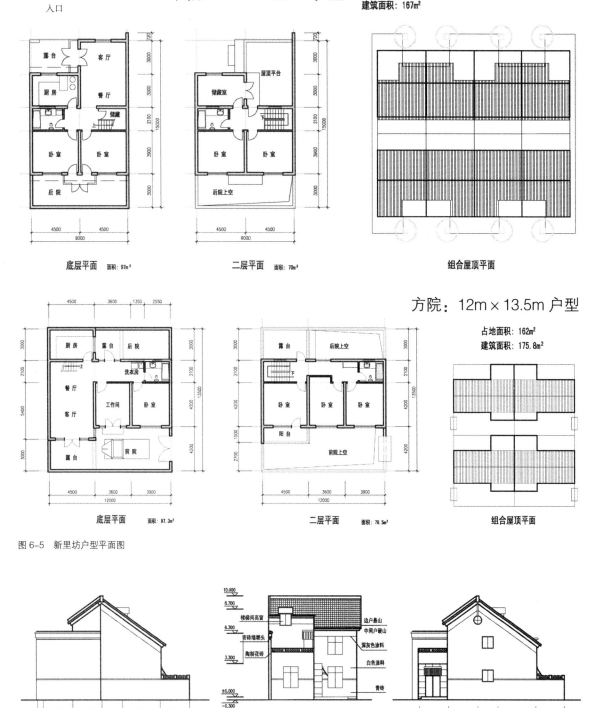

图 6-5　新里坊户型平面图

图 6-6　新里坊户型立面图

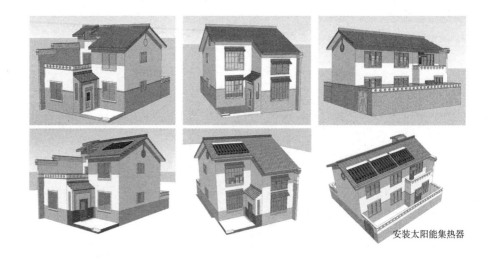

图 6-7 单体效果图

安装太阳能集热器

图 6-8 新里坊鸟瞰图

6.2 建设实例

6.2.1 户县东韩村

户县东韩村距西安30km，交通便利，地理位置优越，村域经济发达，被誉为"陕西第一村"。拥有清洁能源的秸秆节能气化站，将农民耕种生产的柴草秸秆集中处理，为村民做饭、炒菜、烧水、取暖提供燃气，既干净又卫生。建起了"东韩农民画庄"，办画展、培训班，还附带有剪纸、刺绣、手工工艺等民间艺术品制作，结合农家乐经营，使游客吃农家饭回味无穷。多种经营与村办企业将村落的经济水平提升到了一定高度，加之地域文化复兴的因素一起直接推进民居建设的进步。

东韩村的民居以四户为一个组团单元，背靠背拼合，前后两户后院、厨房相

□ 背靠背组团式

图 6-9　东韩村民居组合

图 6-10　东韩村民居平面

底层平面　　　　　二层平面

图 6-11　东韩村民居外观

接，并在每个组团间设有绿化分隔（图6-9）。两户相靠的山墙上绘有当地特有的农民画，成为地域文化的一种表达方式。这样的民居组合有利于减小体型系数，在用地方面也更为集约。在村落更新建设的十余年间，陆续建成105座风格相近的独立式住宅，均为二层建筑，白墙红瓦。民居类型属空间发展型，集中、紧凑，沿用三间房原型（图6-10）。设有大小客厅、厨房、卫生间，布局合理实用，外观整齐有序。基础设施齐备，人均居住面积达40m^2，已成为陕西村落建设的典型。

东韩村民居的建设是在较为强大的村域经济的支持下达成的，随着关中农村经济水平的提高，东韩村的社区化发展方式具有代表性（图6-11）。

6.2.2 临潼秦俑村

西安市临潼区秦俑村，位于秦兵马俑博物馆东侧，处于来馆第一视野感知区域，对于村落环境与建筑风格有较高要求。通过前期统一规划设计，结合村民自建与规划部门引导，最终形成建筑风格统一、整体性强，基础设施到位，具有关中民居风貌的村落。在民居建设过程中，政府先出资兴建示范样板，并出台优惠政策，鼓励按统一要求（平、立面）建设，并给予达标的农户奖金，奖金的额度

图 6-12　秦俑村民居

建设场景　　　　　　　　　　道路景观　　　　　　　　　　中心广场

图 6-13　秦俑村民居与村落

农家乐接待　　　　非农家乐住户前院内景　　　　车库改为餐饮店　　　　车库改为小卖铺

图 6-14　民居使用现状

正是坡屋顶青瓦的费用。农户纷纷效仿样板楼盖房，在满足自身需求的同时兼顾规划设计要求，建成效果良好。通过有效地管理与运作，农民花费不多就建成适用宅院，并通过经营农家乐增长收入；对于游客而言，在具有秦风秦味的地方用餐、住宿也是别有风味。建筑风貌与周边环境结合，符合区位特点，并在解决农民居住问题的同时创造就业出路，全方位提升生活水平，无疑是较好的发展路径（图6-12、图6-13）。

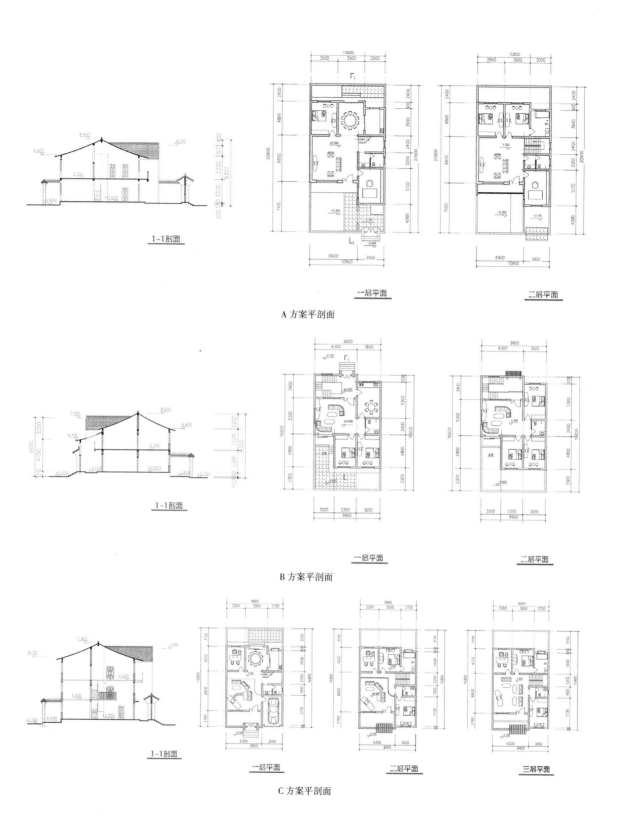

1-1剖面

一层平面 二层平面

A 方案平剖面

1-1剖面

一层平面 二层平面

B 方案平剖面

1-1剖面

一层平面 二层平面 三层平面

C 方案平剖面

图 6-15 民居方案设计

秦俑村每户宅基地二分半（宽约10m，长约17m），三种户型，面积从220m²到260m²不等。房屋造价480元/m²，户均约10万元～12万元。平面采用三合头布局形式，入户是小小的前院，每户卧室三至五间、明厨水厕、水电齐全，并设有底层车库（图6-15）。

然而在实际使用过程中，出现部分住户对原定建筑功能的改造。车库的设置，由于旅游开发而形成不同的功能空间。这是因为设计之初没有充分预计到农家乐的开发，居住与餐饮的功能区分不足；超前的车库设置根据住户的不同需求成为功能可变的空间（图6-14）。

秦俑村由于其特殊的区位与建设背景，建筑风格更趋向于继承传统，有一定的局限性，在关中地区不具备全面推广的条件和必要性，但在建设管理与设计引导方面值得借鉴，仍是有益的探索。

图6-16 南山庭院建筑外观

图6-17 小户型平面图 　　　一层平面图 　　　二层平面图 　　　三层平面图

　　　　　　　农村新民居模式研究——以陕西关中民居为例

图6-18 南山庭院宅院组合

6.2.3 长安南山庭院

西安市长安区滦镇西留堡村，有一处颇具规模的现代小住宅集群，是位于秦岭脚下的南山庭院，灰砖灰瓦的三合头院子与关中民居有几分关联（图6-16，图6-18）。这是一个地产开发项目，以自然山水为依托，关中传统民居风格为特色，静谧舒适的环境是颐养天年的场所。每户200m²左右，南北通透，上下三层。依据用地的多少及其长宽比区分出不同户型：小户型占地135m²（二分地），建筑面积181m²，面宽6m（图6-17）；中户型占地162.4m²（二分半），建筑面积216m²，面宽6.6m；大户型占地204m²（三分地），建筑面积296m²，面宽7.5m，属于前文提及的以户为单元的空间模式，有保温隔热设计，舒适度较好。每户都有前后院，入口设计结合庭院，或地下车库，或前院停车，充分考虑现代生活所需与民居空间的结合。宅院的组合较为平直，四户联排组成一栋楼，整体布局也较规整。街巷尺度适中，既符合机动车辆的通行，又结合绿化营造接近1∶1的尺度关系，是其成功之处（图6-18）。

但不足之处是凌乱的建筑符号的堆砌，既有灰砖黛瓦的传统民居形式，又有类似于欧式建筑的线脚勾勒，色彩的统一远观效果尚可，近看却有不足，装饰风格混杂。此外，由于追求房间数目，而用地面宽较小，出现卧室数目较多而尺度偏小的现象，空间细部功能推敲不到位。

6.2.4 咸阳大石头新村

2010年咸阳市大石头村由于咸阳机场扩建搬迁，新建新村总户数300户，规划用地12.43ha。由于毗邻机场，对于各个视角的景观要求较高，需展示出关中特色生态示范村的风貌。首先在用地规划方面（图6-19），打破原有方整的用地边界，呈现出与自然衔接、过渡的自由边界生长态势；其次是大面积的绿地景观，以果树种植来实现，体现乡村风貌与自然风格；再者是户型设计边界清晰，体现统一性与公平性，又留有变化的余地；建筑风格体现关中民居特色，粉墙灰瓦、联屋并脊、高低错落。近年来，由于村落建筑特色和地缘优势，已发展成为农家乐旅游餐饮的特色村。

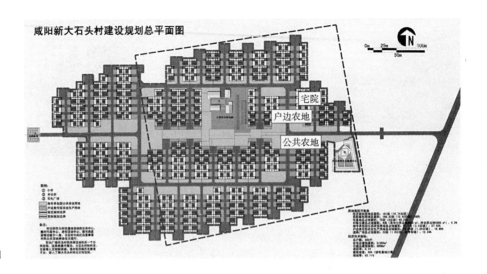

图6-19 大石头村总平面图

1. 农业生产与乡村生活的结合

在村落整体构架上设置东西向主村道、南北向支路，南北支路组织东西方向入口进入宅院（图6-19、图6-20）。规划紧凑集中而不失自然流畅，村落景观设计考虑农村特点与即将面临的改变，即由农业种植向产业工人的转化，大部分村民可以在机场及其附属企业就职，而农村的生活方式却无法一下改变，所以如何保留公共农业用地（3.4ha）与户边农业生产用地（1.95ha）成为本方案的亮点。每户旁留有约54m²的户边农业生产用地以及在6m宽的村级道路两侧设置公共农业用地，这些农业用地靠近宅院，种植果树等植被既构成村落生态景观，强化与自然的联系以及与以往的关联，并且瓜果成熟还能增加住户收入。然而工程实施之后，并没有实现规划设计构想，村落景观与树木种植均呈现出去乡村化现象。村民在户边用地搭建遮阳棚架，村道也由于预留空间没很好利用而出现过于空旷、尺度过大。

2. 模式化的户型设计

每户占地2.5分地，选取12.6m×12.6m的方形用地，前后均留有横长窄院，建筑居中大体成"一字形"南北向布局。入户前院较宽，设有停车位；后院较小，可堆放杂物。院落的设置既满足与农村生活关联的日常所需，也提供南北方向户型拼合的可能，让建筑组合更加紧凑，并满足日照间距要求。每户用地一致，可以根据自身需求与经济能力兴建一至三层，可形成116.7m²、169.2m²、200.7m²三种不同的户型选择，自然形成从一层至三层的高低错落的整体风貌，丰俭由人、自由灵活（图6-20、图6-21）。同样由于农家乐餐饮经营原因，户型改建、加建现象普遍，这也是设计之初没有预计到的。

农村新民居模式研究——以陕西关中民居为例

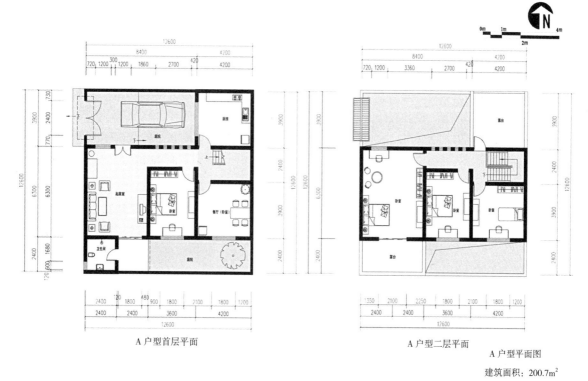

A 户型首层平面

A 户型二层平面

A 户型平面图

建筑面积: 200.7m²

图 6-20　户型平面图

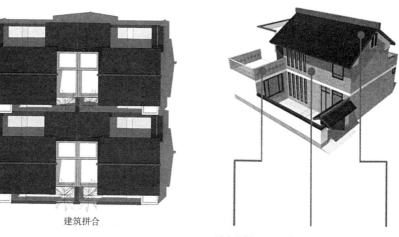

建筑拼合

图 6-21　建筑造型

露台的栏板采用砖砌镂空十字花格, 体现关中元素。

关中的素砖墙作为建筑的承重和维护体系。

屋顶部分保留了当地坡层顶的传统形式。

6.2.5 高陵东樊社区

2010年高陵县利用城乡建设用地增减挂钩政策，充分尊重农民意愿，对东樊村实施"小村并大村"改造，建成陕西首个土地增减挂钩试点新农村社区。该村469户1609位村民全部实现了集中安置，有90%的村民愿意在社区居住，10%的村民选择县城居住。该项目对原村庄进行拆除，采取四种方式安置：就地宅基地安置、就地楼房安置、县城楼房安置和县城楼房+就地楼房安置，安置模式为"资产置换"，将村民集中安置到新的社区，对除安置区外的原集体建设用地全部进行复垦，原村庄占地482亩，按照安置方案利用土地180亩，人均建设用地85m²，比集中安置前节约土地302亩。

2012年建成的东樊社区（图6-22）打破了固有的城乡概念，用城市化标准配套农村公共服务中心、广场、幼儿园、学校、绿地、排水等基础设施。社区重视可再生能源利用：太阳能路灯、热水器、垃圾收集、人工湿地污水集中处理等（图6-23）。大部分村民都搬进了风格统一的独户二层新民居（图6-24），户均面积在200m²左右。但是在社区外部景观环境和户型的适用性方面也显示出不适应的问题，如社区管理不到位，绿化植被、道路卫生缺少维护，绿植不适地生长，车库多用于会客功能，后院加建杂物间和土灶灶房等现象。农村社区在公共设施城镇化的同时，在景观环境和民居设计等方面还应重视保持村民生活习俗和乡村特色。

图6-22　高陵东樊社区鸟瞰

图6-23　东樊社区的太阳能路灯与人工湿地污水处理站

农村新民居模式研究——以陕西关中民居为例

A 户型首层平面

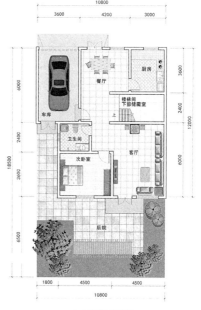

B 户型首层平面

A 户型二层平面

B 户型二层平面

A 户型效果图　　　　　　　　　　B 户型效果图

经济技术指标

名称	单位	面积
总建筑面积	m²	190

经济技术指标

名称	单位	面积
总建筑面积	m²	208

图 6-24　东樊社区户型示例

6.3 实验性作品

6.3.1 井宇

  井宇是建筑师马清运在传统关中民居形式上融入现代功能、地方材料与现代建构的一次实践，建筑位于其家乡蓝田县的一个小山坡上，作为其葡萄酒庄的客房，用于游客或朋友居住。后期又建成的几栋用作酒窖和会议室。

  建筑造型沿用了传统关中三合院民居，两厢临街（图6-25），厦房为单坡屋顶并向内院倾斜，为关中院落"房屋半边盖"的典型做法。庭院窄长，遮蔽夏季烈日，院内用鹅卵石铺成，不做任何种植（图6-26）。

图 6-25　井宇

图 6-26　庭院

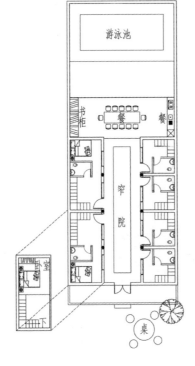

图 6-27　井宇平面

图 6-28　餐厅

图 6-29　后院

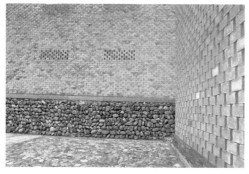

图 6-30　墙体的砌筑

图 6-31　四季住宅

功能布置上与传统关中民居有很大的改变（图6-27），取消了正房，改成了交往厅，内设餐厅和厨房，可以作为临时的读书和交谈空间（图6-28）。厦房空间也与传统民居的厦房不同，成为两层的独立房间。东向厦房的单元较大，取两开间，底层为客厅、卫生间和榻榻米，夹层为卧室；西向厦房的单元较小，取单开间，底层为小的休息空间和卫生间，夹层做卧室。后院设置了现代化的游泳池，似乎是现代西式生活的某种符号（图6-29）。

建筑结构采用了传统的木梁柱体系，砖砌墙体围护，墙体采用红砖和青砖横纵交替的砌筑方法，青砖做表面横向肌理，而红砖垂直墙面砌筑，青红交织，形成编织般的质感，砌筑方式与传统相比有所创新。（图6-30）

6.3.2　四季住宅

"四季住宅"地处渭南市桥南镇石家村，由中国香港大学建筑学院林君翰教授设计，是一处村民自建，集传统材料与现代技术为一体的实验性农宅（图6-31）。

石家村地处偏远，所有的农宅起初都是利用胡基和砖在10m×30m的宅基地块内建造而成。与关中其他村落一样，村民们逐步把旧的农宅进行翻修，由于村内劳动力外出务工，基本由雇来的临时工按照同样的模式建造，传统合院的建筑形态早已改头换面，与传统建筑同时瓦解的还有农民自给自足的生活方式。

"四季住宅"在封闭的围墙内沿轴线从南到北依次设置了前院、盥洗庭院、种植庭院和后院四个功能不同的空间（图6-32），这些庭院不仅给室内带来了充足的阳光，而且与住宅的主要功能房间——卧室、厨房、客厅、厕所、圈舍一起形成了集活动—生活—生产—养殖—沼气供给等为系列的更加自给自足的生产与

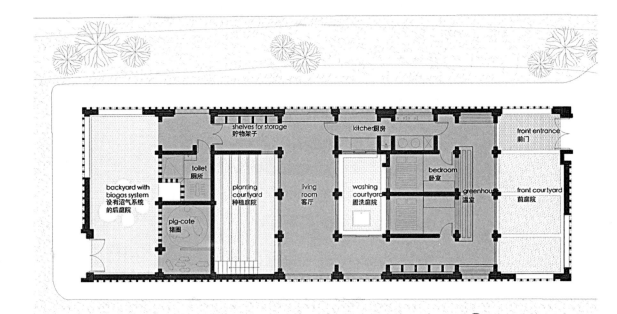

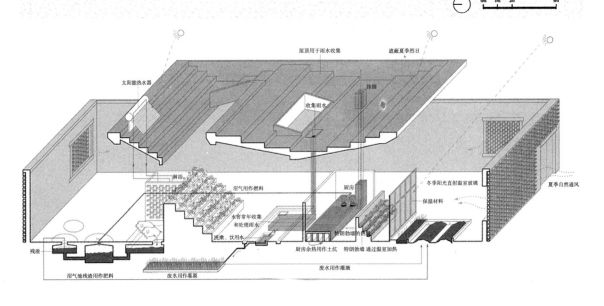

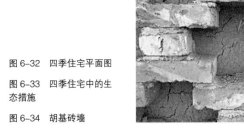

图 6-32　四季住宅平面图

图 6-33　四季住宅中的生态措施

图 6-34　胡基砖墙

图 6-35　半宅外观

生活方式，并以此来抵抗农民对外来商品和服务的日益依赖。

种植庭院内设置梯台可以立体种植蔬菜，梯台向上延伸形成可以晾晒作物和席地而坐的台阶式屋顶（图6-33）。这种屋顶与地下水窖一起在雨季到来时收集并储存雨水，以便在干热的夏季使用。靠近庭院的猪圈和地下的沼气系统为做饭提供了能量，同时做饭过程的余热直接为卧室的土炕提供热量。

建筑结构采用混凝土梁柱结构与"胡基砖墙"围护相结合，融合了新旧建造技术（图6-34）。胡基墙就地取材且保温效果好，但遇雨容易坍塌，四季住宅的整个外墙被镂空花砖墙包裹以保护胡基墙，即为"胡基砖墙"。这种胡基、砖墙、混凝土梁柱相结合的混合结构充分利用了当地的传统保温材料，完全不需要其他的保温材料，并且在原先的基础上满足了结构和抗震的要求。而且，镂空的花墙为庭院和室内提供了遮阳。

"四季住宅"为新型农宅，运用传统材料与现代技术的结合、创新，试图恢复传统的自给自足的农村生活，以此来对抗对城市化的日益依赖，无疑是非常有益的尝试。

门房　前院　厦房　正房　后院　新建

图 6-36　剖面图

图 6-37　庭院空间

图 6-38　室内空间

6.3.3 合阳半宅

该项目是一处在传统关中民居基础上适应现代生活的加建，建筑面积80㎡（图6-35）。项目地处陕西省渭南市一个典型的关中民居村落，业主是一对在城市生活的青年夫妇，他们要在家乡建造一座度假小屋，并希望能有一个宽敞的空间用于朋友或者大家庭的聚会。

新建建筑位于原有两进院落的后院（图6-36），保留和延续了原有的纵向两进式平面形式及尺度，与原有正房围合出尺度宜人的小庭院（图6-37）。

室内空间被高大的木桁架分为首层空间和阁楼空间。首层空间布局区别于传统三开间方式，贯通的木质格架将其划分为南侧完整的大空间和北侧生活辅助空间。上部阁楼以木桁架作为"悬挂的墙体"对空间进行划分（图6-38）。

整个项目借用了原有的建筑材料（木材和砖）、结构和立面，在原有院落中插入轻盈的体块，创造出不同的空间形态，满足现代人对高品质生活的需求，同时又给当地村民一种既熟悉又陌生的体验。该项目获得2014年WA居住贡献奖佳作奖。

本章分别介绍了关中民居的新实践与新探索，虽然方案与实例只是部分体现了关中新民居理论与模式的某些方面，尚未形成完善的成功实践，但无论建筑空间的建构、生态技术的应用、民居文化的探讨都不是一蹴而就的，每一个案例都是迈向新民居探索的坚实脚步。

陕西关中地区有着悠久的历史和深厚的传统文化，其民居渊源深厚、特色鲜明。随着时代的变迁，现代民居出现了背离自然与传统、技术与文化共同缺失等多方面的问题；现代生活也从新材料、新技术到新空间对民居提出了新的要求。深入研究民居的现代化、生态化和地域性问题显得尤为迫切。

本书以陕西关中农村民居为研究对象，从传统民居解析和现代民居状况入手，运用人类文化学、建筑类型学等多学科交叉融合的研究方法，系统探讨了各个历史时期的建筑模式及演变规律，归纳总结其内在基因与外在特征，探讨相关设计理论与建筑创作，进而以文化传承、创新融合为主线，切入到关中新民居的模式研究。

1. 传统关中民居在渭河平原的沃土上孕育而生，从史前到秦汉隋唐逐步萌生发展，成熟定型于明清，是农耕社会背景下悠久历史和自然条件塑造的民居类型。关中人重耕读而求实务本、守土恋家；关中民居由礼教而中正，由黄土而厚重。

传统关中民居平面布局规整、对称、纵轴贯通；庭院狭窄，空间紧凑；内外有别、分区明确；空间具有强限定性、安全防卫性和界面外向性的特征。在因地制宜、物尽其用的材料、构造观和建构习俗引导下，形成地域技术范式：厚重墙体、单坡屋顶和窄长院落，生土利用的土墙、火炕和土灶，也创造出建筑自遮阳、被动式太阳能利用与自然通风等适宜生态技术。同时延伸出雨水收集利用的水窖和涝池，蕴含风水环境观念、宅院身体观与气候适宜性的绿色设计思想。地域文化塑造着关中民居，门楣题字、座山影壁、砖石木雕等民居特色都受历史的浸染，既彰显个性又流露出深厚的文化底蕴，并转化为人文关怀。由于其守土恋家的聚居特性，民居与村落在线性街巷统领下，开合收放自如，尤其注重槐院等过渡空间的塑造。气候水土、自然属性、文化观念与厚重历史都成为关中民居关键性的内在基因。

传统关中民居外在特征与技术选择都在发生巨大的变化，应在批判中继承，其中包含的地域文化、建构艺术、顺应自然的营建思想和生态理念仍然是今后民居建设中应秉持并发扬的精髓所在。

2. 现代关中民居在社会变革的冲击下，面临建筑空间与技术、生活方式等多方面、深层次的变化与演进，形成诸多现实问题与发展契机并存的现状格局。基于大量实地调研，将关中农村现代民居划分为纵深延续型、渐进组合型和空间发展型三种类型。因现代建材与修建方式带来技术变革，加之社会文化因素，导致了现代民居与传统的决裂，产生了加宽的院落、变大的尺度，追求宽大、高畅的物质空间等新的倾向。在继承三间房原型的同时，建筑与庭院图底关系相互转化，空间格局由建筑围合庭院的窄四合院改变为独立式小住宅，向紧凑集中的方向转化。

空间闲置、功能不足与重复建设都成为当前农村居住的普遍问题。一方面出现大量的空置房间，另一方面仓储与厨卫设施不能满足使用要求。现代民居建造工艺简单，能耗较高，是气候适应性差、低舒适度的建筑，保温隔热性能既不如城市住宅也不如传统民居。重复建设与盲目跟风从表象上看是乡村陋习，真正暴露出由经济的制约转化为文化困顿，究其根本是没有真正形成符合使用功能和心理需求的民居。农村民居源于自然、亲近自然、融于自然，是自然气候的理性、科学选择。然而现实却不是如此，在社会经济文化转型之下的农村，其民居尚未有充分的时间与实践历练，现代技术与材料、建构与空间、生活与功能、形式与文化等均处于磨合时期。

这种发展变化从某种角度来看适应了当前农村社会生产生活的需求，虽存在问题，仍具有一定的生命力。但是如不有效监管，从空间、技术和文化等多个角度进行引导，将走向无序、盲目的发展道路。

3. 本书较为系统地提出了关中新民居创作方法与途径的理论研究。现代化与地域性的融合与整合、历史文化与社会发展的继承与创新，是新民居在时空关系上的发展提高。以建筑空间为依托，从材料与构造、空间与建构等方面实现适宜性建筑技术的集约化应用，是物质空间方面的整合，最终实现建筑空间、技术与历史文化的优化组合，达成形与义的统一。传统与历史是新民居的文化养分，只有固守本源，才能体现地域性；空间创新是在空间上不断变化、推陈出新，以适应农村生产生活的新需求；技术更新是运用当前先进的适宜性技术，寻求新材料与新技术在新民居中的应用途径。

新民居创作的要点首先是符合农村居住特性，注重土地、自然与生产的关系，本着经济适用的原则，提升民居品质，立足现实、面向未来。其次从层级理论出发，由价值取向确定多样化、适应性、层级性的建筑类型与模式。再者传统民居中蕴含生态智慧的技术范式与原理在当代仍具有价值，辅以现代技术手段，使其重获新生，以理性批判的态度超越传统，在现代技术与地方传统文化之间找到切入点、结合点。

新民居在空间设计上体现用地与功能的综合高效利用，打破固有用地长宽比，探讨纵横双向划分的适宜比例，尽可能保有院落空间。一方面应具有传统民居的通用性、模糊性，提供灵活使用的可能；另一方面还应强调明确的功能性，并配备与之相符的现代设施以及对于交往层次与空间层次的探讨。此外，建筑规模由于使用人数的减少应趋于紧凑、小型化，推动由房屋数量向品质提升的转变；同时应关注农村养老模式与既有宅院改造等方面。

适宜性技术应用方面建构传统材料的新肌理，寻求地方材料与现代建筑技术的结合点。推广太阳能的利用，继承与创新水窖、涝池等雨水收集利用方式。还包括炕的更新改造、沼气利用、无水马桶和垃圾回收处理等生物质能的综合利用。

地域性文化的继承与更新，包含对墙—院文化与人文关怀的理解与演绎。"墙—院文化"的本质在今天看来就是黄土、阳光与人的关系，墙体的围合性、防卫性和界面的封闭性、层级性成为关中村落与民居的一大特性。院墙是限定院落的边界，具有安保、防风功能，同时在文化层面又是邻里和谐的依靠，在村落和宅院两个层级层层围合，勾勒出关中民居深宅大院的面貌。

新民居创作原则及方法可以概括为：以建筑空间及其围合手法为皮肉，探讨新民居的空间现代化；以建筑技术为骨骼，构建新民居生态化的技术支撑；以文化脉络为灵魂，实现新民居地域文化的更新演进。

4. 关中新民居模式由空间模式、技术指标、地域语言模式和外部空间设计四部分构成，其中：空间模式：从开间与进深的反比关系入手，综合考虑用地、功能与院落的配置关系。从整体空间组织的角度，提出以间为单元的构成方式，回溯三间房的原型，演化出大小三间、间半房等多种模式；以户为单元的构成方式，打破了封闭内院，促成了外庭院的围合，即二分地、二分半与三分地等用地空间模式。从民居内部空间构成的角度，针对农村生产生活特点，划分出主要居住空间、生活辅助、生产服务、院落空间等功能空间模式，并逐一阐述其空间特点与设计构思，提出餐厨房、家庭活动室、工作间、储藏室等现代空间功能分析及设计要点。从平面与空间不同围合方式探讨院落的空间构成与形态，形式多样的院落模式依然是新民居的重要组成部分。

技术指标：界定坡屋顶及其材料构造，墙体、门窗设计等建筑构造与技术指标。通过定量分析，明确建筑各构件间的组成关系、设计原理和材料构造方法。重点在于外围护构件的设计，总结坡屋顶坡度确定、保温构造与集热器的结合方法；推介墙体保温构造、减小建筑体型系数的办法，推广生土、秸秆等可再生资源的利用以及门窗保温、被动式太阳能利用、遮阳构件与自然通风采光设计等方面的内容。

地域语言模式：主要包括形式语言、材料肌理、建筑组合等地域语言，由适宜尺度出发，重视空间围合，刻画入口空间与细部，在粉墙、青砖及灰瓦的色彩与装饰上寻求地域语言的形式表达。结合关中各地特有材料，如水泥砖、陶砖、生土等，以地域材料谱写新民居的新肌理。运用错位围合、旋转变化、自由变化等空间组织手段，改变传统建筑组合关系，创造新的空间场所。

外部空间设计：包括边界塑造、人文场所与地域景观三个方面。在保持街巷线性特质之上，注重边界和过渡空间的塑造，在人性化空间尺度、材料肌理、围合手法等方面入手，以改善其停留性和开放性。外部空间与地域人文结合，显现农村新文明的人文场所，一方面是现代化设施的体现，另一方面是文化与空间行为的契合，改善传统村落公共空间与设施的不足。更在宏观层次顺应水土、尊重自然生态，塑造自然山水格局下的地域乡村景观。

5. 新民居设计实践提出了八合院与新里坊的设计理念，从历史文化中汲取养分，创造新民居建筑空间与组合模式，探讨新民居创新的多元可能性。结合工程实践，介绍户县东韩村、临潼秦俑村、长安南山庭院、咸阳大石头新村、高陵东樊社区等民居建设实例以及马清运西安蓝田井宇、林君翰渭南桥南镇石家村四季住宅、渭南合阳半宅等实验性作品，结合传统与现代，在空间与建构上有所创新。虽然这些方案与实例仅仅部分体现了关中新民居的某些方面，尚不成熟，但建筑空间的建构、生态技术的应用、民居文化的探讨都不是一蹴而就的，每一个案例都是迈向新民居的探索性实践，只有大量而多元的实践才是关中新民居健康有序发展的必由之路。

6. 未来针对关中新民居设计与工程实践的试点与推广将成为重点，并以此全面补充、提高新民居创作途径及方法，修订完善新民居模式，探索适宜性技术应用、地域文化展现，为农村居住和民居更新增添新的实践成果。由民居扩展至关于村落的生态化研究以及农村居住更深层次的理论与实践探讨，从区域、流域等更为广阔的领域更宏观、系统的视角审视农村聚落的生态化、现代化与地域性问题。

[1] 张群，成辉，梁锐，刘加平. 乡村建筑更新的理论研究与实践[J]. 新建筑，2015，1（66）：28–31.

[2] 清华大学建筑节能研究中心. 中国建筑节能年度发展研究报告2012[M]. 北京：中国建筑工业出版社，2012，3：6.

[3] 陆元鼎. 中国民居建筑（上卷）[M]. 广州：华南理工大学出版社，2003，11：4–6.

[4] Paul Oliver. Encyclopedia of Vernacular Architecture of the World. Volume 1–2. Cambridge University Press, 1997.

[5] 常青. 风土建筑保护与发展中的几个问题[J]. 时代建筑，2000，3.

[6] 单军. 批判的地区主义批判及其他[J]. 建筑学报，2000，11：24.

[7] 林少伟，单军. 当代乡土———一种多元化世界的建筑观[J]. 世界建筑，1998，01.

[8] 朱金良. 当代中国新乡土建筑创作实践研究[D]. 上海：同济大学，2006.

[9] Webster's New Collegiate Dictionary. Springfield, Mass., USA. G. & C. Merriam Co.1981.

[10]（比利时）希尔德·海嫩. 现代性与多元现代性——现代建筑历史编纂的新挑战[J]. 王正丰译，王颖校. 时代建筑，2015，5：16–23.

[11] 周洁红，黄祖辉. 农业现代化评论综述——内涵、标准与特性[J]. 农业经济，2002，11：1–3.

[12] 陈剑. 中国离现代化有多远[M]. 北京：中国文史出版社，2007，1：22.

[13] 吴焕加. 现代化、国际化、本土化[J]. 建筑学报，2005，1：10–13.

[14] 黄佩民. 中国农业现代化的历程和发展创新[J]. 农业现代化研究，2007，3：129–134.

[15] Ian L. Mcharg. Design with Nature. 25th anniversary ed. New York: J. Wiley, 1994.

[16] Givoni Baruch. Man, Climate and Architectur. London：Applied Science Publishers, 1976.

[17] Tzonis, A. and L. Lefaivre, Critical Regionalism. The Pomona Meeting Proceedings. Pomona, 1989, pp.9–49.

[18] Kenneth Frampton. Modern Architecture – A Critial History. London：Thames and Hudson, 1982.

[19]（荷兰）亚历山大·楚尼斯，利亚纳·勒费夫尔. 批判性地域主义——全球化世界中的建筑及其特性[M]. 王丙辰译. 北京：中国建筑工业出版社，2007，7：2-3.

[20] 卢健松. 建筑地域性研究的当代价值[J]. 建筑学报，2008，7：15-19.

[21] 岳文海. 中国新型城镇化发展研究[D]. 武汉：武汉大学，2013，11.

[22] 刘度柱辑注. 关中山川关隘示意图. 三秦记辑注·关中记辑注[M]. 西安：三秦出版社，2006，1：1.

[23] 陆元鼎. 中国民居建筑（上卷）[M]. 广州：华南理工大学出版社，2003，11-58.

[24] 赵立瀛. 陕西古建筑[M]. 西安：陕西人民出版社，1992，11：1-2.

[25] 于希贤. 中国传统地理学[M]. 昆明：云南教育出版社，2002，10：18.

[26] 陆元鼎. 中国民居建筑（上卷）[M]. 广州：华南理工大学出版社，2003，11-58.

[27] 许倬云. 万古江河：中国历史文化的转折与展开[M]. 上海：上海文艺出版社，2006，6（2006，9重印）：68.

[28] 刘致平，王其明增补. 中国居住建筑简史——城市、住宅、园林（第二版）[M]. 北京：建筑工业出版社，2000，9：9.

[29] 井田制. 百度百科：www.baidu.com.

[30] 张玉坤，李贺楠. 中国传统四合院建筑的发生机制[J]. 天津大学学报（社会科学版），2004，6（2）：101-105.

[31] 王兆祥. 秦汉民居的建筑形态[J]. 中国房地产，2007，08（320）：78-79.

[32] 许倬云. 万古江河：中国历史文化的转折与展开[M]. 上海：上海文艺出版社，2006，6（2006，9重印）：107.

[33] 李允鉌. 华夏意匠[M]. 中国香港：广角镜出版社，1982：85.

[34] 刘致平，王其明增补. 中国居住建筑简史——城市、住宅、园林（第二版）[M]. 北京：建筑工业出版社，2000，9：35.

[35] 刘度柱辑注. 关中山川关隘示意图. 三秦记辑注·关中记辑注[M]. 西安：三秦出版社，2006，1：110.

[36]《唐会要·舆服志》卷三十一，转引自陆元鼎. 中国民居建筑（上卷）[M].

广州：华南理工大学出版社，2003，11：35.

[37] 刘致平，王其明增补. 中国居住建筑简史——城市、住宅、园林（第二版）[M]. 北京：建筑工业出版社，2000，9：35.

[38] 孙晖，梁江. 唐长安坊里内部形态解析[J]. 城市规划，2003（27），10：66-71.

[39] 刘致平，王其明增补. 中国居住建筑简史——城市、住宅、园林（第二版）[M]. 北京：建筑工业出版社，2000，9：43.

[40] 谭刚毅. 宋画《清明上河图》中的民居和商业建筑研究[J]. 古建园林技术，2003，4：38-41.

[41] 谭刚毅. 两宋时期的中国民居和居住形态[M]. 南京：东南大学出版社，2008，8：52.

[42] 刘致平，王其明增补. 中国居住建筑简史——城市、住宅、园林（第二版）[M]. 北京：建筑工业出版社，2000，9：54.

[43] 周若祁，张光主编. 韩城村寨与党家村民居[M]. 西安：陕西科学技术出版社，1999，10：180.

[44]《释名》转引自陈鹤岁. 汉字中的古代建筑[M]. 天津：百花文艺出版社，2005，1：76.

[45] 张璧田，刘振亚. 陕西民居[M]. 北京：中国建筑工业出版社，1993，9：38-41.

[46] 韩瑛. 陕西韩城郭庄村形态结构演变初探[D]. 西安：西安建筑科技大学，2006，6：90.

[47] 侯幼彬. 中国建筑美学[M]. 哈尔滨：黑龙江科学技术出版社，1997，9：32-33.

[48] 李浈. 中国传统建筑木作工具[M]. 上海：同济大学出版社，2004，1：232.

[49] 眭谦. 四面围合——中国建筑·院落[M]. 沈阳：辽宁人民出版社，2006，6：47.

[50] 刘瑛，李军环. 关中传统合院民居院落空间的再认识[C]. 西安：第十五届中国民居学术研讨会，2007，10：210-213.

[51] 张璧田，刘振亚. 陕西民居[M]. 北京：中国建筑工业出版社，1993，9：50-57.

[52] 刘兆英，王召义. 溥彼韩城[M]. 西安：陕西旅游出版社，2004，10：125.

[53] 王炜. 陕西合阳灵泉村村落形态结构演变初探[D]. 西安：西安建筑科技大学，2006，6：68.

[54] 雷振东. 整合与重构——关中乡村聚落转型研究[D]. 西安：西安建筑科技大学，2005，5：26.

[55] 谭良斌. 西部乡村生土民居再生设计研究[D]. 西安：西安建筑科技大学，

2007，12：43.

[56] 闫增峰. 生土民居室内热湿环境研究[D]. 西安：西安建筑科技大学，2003.

[57] 孙大章. 中国民居研究[M]. 北京：中国建筑工业出版社，2004，8：93.

[58] 林宪德. 绿色建筑——生态·节能·减废·健康[M]. 北京：中国建筑工业出版社，2007，7：97.

[59] 黄新亚. 三秦文化（中国地域文化丛书）[M]. 沈阳：辽宁教育出版社，1995，4：13.

[60] 刘庆柱辑注. 三秦记辑注·关中记辑注[M]. 西安：三秦出版社，2006，1：99.

[61] 李涛，杨琦，伍雯璨. 关中"窄院民居"庭院空间的自然通风定量分析[J]. 西安建筑科技大学学报（自然科学版），2014，10（46）：721-725.

[62] 于希贤，于涌. 中国古代风水的理论与实践——对中国古代风水的再认识[M]. 北京：光明日报出版社，2005，9：41.

[63] 于希贤. 中国传统地理学[M]. 昆明：云南教育出版社，2002，10：16.

[64] 张晓红. 万民所依——建筑与意象[M]. 长春：长春出版社，2005，1：126-127.

[65] 居阅时，瞿明安. 中国象征文化[M]. 上海：上海人民出版社，2001，7：497.

[66] 高巍. 四合院[M]. 北京：学苑出版社，2007，1（第二版）：64.

[67] 胡哲，曾忠忠. 试析传统民居建筑中的身体观[J]. 华中建筑，2007，1：160-261.

[68] 刘兆英，王召义. 溥彼韩城[M]. 西安：陕西旅游出版社，2004，10：111.

[69] 胡冬香，邓其生. 中国传统建筑孕育着"生态优化"理念[J]. 建筑师，2007，3.

[70] 吴林荣，王娟敏，刘海军，孙娴. 陕西省太阳及其日照时数的时空变化特征[J]. 水土保持通报，2010，2（30）：212-214.

[71] 王其钧. 中国民居三十讲[M]. 北京：中国建筑工业出版社，2005，11：403.

[72] 张璧田，刘振亚. 陕西民居[M]. 北京：中国建筑工业出版社，1993，9：29.

[73] 曹文明. 中国古代的城市广场源流[J]. 城市规划，2008，10（32）：55-61.

[74] 林翔. 中西方传统城市广场型公共空间比较研究[J]. 福州大学学报（自然科学版），2009，2（37）：86-93.

[75] 张晓虹. 文化区域的分异与整合：陕西历史地理文化研究[M]. 上海：上海书店出版社，2004，1：323-349.

[76] 民国《乾县新志》卷一《风俗》转引自张晓虹. 文化区域的分异与整合：陕西历史地理文化研究[M]. 上海：上海书店出版社，2004，1.

[77] 李允鉌. 华夏意匠[M]. 中国香港：广角镜出版社，1982：48.

[78]《说文新附》转引自陈鹤岁. 汉字中的古代建筑[M]. 天津：百花文艺出版社，2005，1：119.

[79] 侯幼彬. 中国建筑美学[M]. 哈尔滨：黑龙江科学技术出版社，1997，9：79.

[80] 张璧田，刘振亚．陕西民居[M]．北京：中国建筑工业出版社，1993，9：85.

[81] 黄新亚．三秦文化（中国地域文化丛书）[M]．沈阳：辽宁教育出版社，1995，4：13–25.

[82] 侯幼彬．中国建筑美学[M]．哈尔滨：黑龙江科学技术出版社，1997，9：92.

[83] 刘致平，王其明增补．中国居住建筑简史——城市、住宅、园林（第二版）[M]．北京：建筑工业出版社，2000，9：15.

[84]《唐会要·舆服志》卷三十一，转引自陆元鼎．中国民居建筑（上卷）[M]．广州：华南理工大学出版社，2003，11：35.

[85] 王其钧．中国民居三十讲[M]．北京：中国建筑工业出版社，2005，11：14.

[86] 王其钧．中国民居三十讲[M]．北京：中国建筑工业出版社，2005，11：16.

[87] 王符．潜夫论·叙录．转引自侯幼彬．中国建筑美学[M]．哈尔滨：黑龙江科学技术出版社，1997，9：147.

[88] 袁丰．中国传统民居建筑中模糊空间所体现的功能性[J]．华中建筑，2003，05（21）：96–99.

[89] 费孝通．乡土中国[M]．北京：北京大学出版社，2012.

[90]（丹麦）扬·盖尔．交往与空间（第四版）[M]．北京：中国建筑工业出版社，2002，10.

[91] 邹德秀．中国农业文化[M]．西安：陕西人民出版社，1992.

[92]（元）骆天骧．黄永年点校，类编长安志[M]．西安：三秦出版社，2006，1：5.

[93] 何军．关中农村发展变迁研究[D]．西安：西北农林科技大学，2006：70.

[94] 何军．关中农村发展变迁研究[D]．西安：西北农林科技大学，2006：1.

[95] 李晓江等．《中国城镇化道路、模式与政策》研究报告综述[J]．城市规划学刊，2014，2（215）：1–14.

[96] 王福定，马骁．中心村规划建设实践中的问题与对策——以浙江省温岭市为例[J]．城市规划，2006，30（7）：48–51.

[97] 李罡．关中民居的现代适应性转型研究[D]．西安：西安建筑科技大学，2007，6：35–36.

[98] 赵西平，鲁海波，冯旭明．关中地区乡村砖混结构住宅夏季热环境分析[J]．建筑科学，2008，3：79–81.

[99] 虞志淳．西安七贤庄地区保护、更新与利用[D]．西安：西安建筑科技大学．2003，6：43.

[100] 清华大学建筑节能研究中心．中国建筑节能年度发展研究报告2009[M]．北京：中国建筑工业出版社，2009，3：58.

[101] 刘涤宇．宅形确立过程中各要素作用方式探讨——《宅形与文化》读书笔记[J]．建筑学报，2008，4：100–101.

[102] 叶裕民. 基于统筹城乡发展的城乡规划若干问题思考[EB/OL]. http://www. cityup.org.

[103] 申延平. 中国农村社会转型论[M]. 开封：河南大学出版社，2005，12：88.

[104] 陈晓扬，仲德崑. 地方性建筑与适宜技术[M]. 北京：中国建筑工业出版社，2007，12：148.

[105] 郑萍. 村落视野中的大传统与小传统[J]. 读书，2005，7：11-19.

[106] 赵立瀛. 谈中国古代建筑的空间艺术[J]. 建筑师，1979，8.

[107] [美]肯尼思·弗兰姆普敦. 建构文化研究——论19世纪和20世纪建筑中的建造诗学[M]. 王骏阳译. 北京：建筑工业出版社，2007，7：2-4.

[108] G. C. Argan. On the Typology of Architecture. New York. Princeton Architecural Press, 1996，243.

[109]（日）芦原义信. 外部空间设计[M]. 北京：中国建筑工业出版社，1985（3）：2-3.

[110] 李炳坤. 关于统筹城乡发展的几点思考[J]. 中国发展观察，2007，12.

[111] 吴恩融，穆钧. 基于传统建筑技术的生态建筑实践——毛寺生态实验小学与无止桥[J]. 时代建筑，2007，4：50-57.

[112] 喜文华，王恒一. 被动式太阳房的设计与建造[M]. 北京：化学工业出版社，2007，1：29.

[113] 郑安. 农村污水处理亟待重视[J]. 中华建设，2007，9：20-21.

[114] Brian Edwards. Sustainable Architecture：European Directives and Building Design. Oxford Boston：Architectural Press, 1999：121.

[115] 吊炕. 来源：http://www.hudong.com.

[116] 姚润丰. 降低能源消耗减少污染排放——农村沼气构筑我国农业节能减排重要平台. 来源：新华网http://www.agri.gov.cn/jjps/t20070816_872786. htm

[117] 林宪德. 绿色建筑——生态·节能·减废·健康[M]. 北京：中国建筑工业出版社，2007，7：125.

[118] Amos Rapoport. House Form and Culture. Prentice Hall, 1969，2：46.

[119] 何军. 关中农村发展变迁研究[D]. 西安：西北农林科技大学，2006：77.

[120] 李建德，程芸. 经济与文化的协同演化[C]. 济南：中国制度经济学年会论文集，2006.

[121] 中国社会科学院农村发展所组织与制度研究室. 中国村庄的工业化模式[M]. 北京：社会科学文献出版社，2002，6：1-2.

[122] 潘屹. 家园建设：中国农村社区建设模式分析[M]. 北京：中国社会出版社，2009，11：81.

[123] 中国建筑技术研究院. 村镇小康住宅示范小区住宅与规划设计[M]. 北京：

中国建筑工业出版社，2000，3：10–11.

[124] 严寒和寒冷地区农村住房节能技术导则（试行）[EB/S]．住房与城乡建设部http://www.cin.gov.cn, 2009-6-30.

[125] 严寒和寒冷地区农村住房节能技术导则（试行）[EB/S]．住房与城乡建设部http://www.cin.gov.cn, 2009-6-30.

[126] 张俭．传统民居屋面坡度与气候关系研究[D]．西安：西安建筑科技大学，2006，6：66.

[127] 李元哲．被动式太阳房的原理及其设计[M]．北京：能源出版社，1989.

[128] 刘加平．建筑物理（第三版）[M]．北京：中国建筑工业出版社，2000，12：119–120.

[129] 李玲．关中地区乡村换代住宅居住环境研究[D]．西安：西安建筑科技大学，2007，6.

[130] 国家住宅与居住环境工程技术研究中心．住宅建筑太阳能热水系统整合设计[M]．北京：中国建筑工业出版社，2006，3：101.

[131] 谭良斌．西部乡村生土民居再生设计研究[D]．西安：西安建筑科技大学，2007，12：76–77.

[132] "草砖房"获世界人居奖．哈尔滨日报．来源：http://www.sina.com.cn 2005，11. 12. 02：23.

[133] Gernot Minke, Friedemann Mahlke. Building with Straw. Birkhäuser Basel, 2005, 1: 19.

[134] 陕西省农村住宅通用设计图集（2008）．来源：http://www.shaanxijs.gov.cn

[135] 刘加平．建筑物理（第三版）[M]．北京：中国建筑工业出版社，2000，12：101.

[136] 刘艳峰，刘加平，张继良．中国传统民居外窗遮阳系数研究[J]．太阳能学报，2007，28（12）：1370–1374.

[137] [丹麦]扬·盖尔．人性化的城市[M]．欧阳文、徐哲文译．北京：中国建筑工业出版社，2010，6：13.

[138] 王云才，刘滨谊．论中国乡村景观及乡村景观规划[J]．中国园林，2003，1：55–58.

三原孟店村周宅

　　孟店周宅位于三原县城北4km处的鲁桥镇孟店村，始建于清乾隆末年，是慈禧太后的干女儿安吴寡妇的娘家，道光年间巨商、刑部员外郎周梅村的府第，又名"孟店周"、"周家大房"，省级文保单位。周家原有房屋十七院，同治年间因战乱烧毁了十六院，现仅保存一院。该院坐南朝北，东西约13.8m，南北71m，由北侧居中正门进入，沿轴线依次为门塾、门房、前厢（厦）房、正厅、退厅（谦受堂）、后厢（厦）房、正房（后楼），共5进院落。建筑布局为典型的多进关中宅院民居。

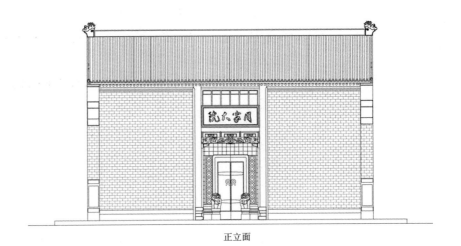

正立面

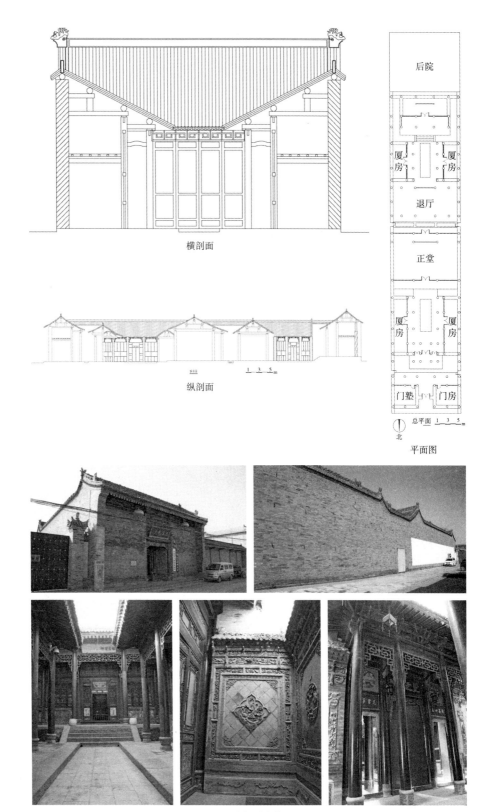

横剖面

纵剖面

后院

厦房　厦房

退厅

正堂

厦房　厦房

门塾　门房

北　总平面

平面图

三原周宅院内外

泾阳安吴堡吴氏庄园

　　吴氏庄园位于泾阳县城北16.2km的嵯峨山下的安吴堡，是明清巨商吴氏的府邸。近代著名学者、清华大学教授吴宓先生1894年就出生于安吴堡。据传吴氏家共有东、西、南、北、中五院，现存宅院为安吴寡妇周氏正院，中国共产党于1938年开始在该院举办过6期训练班，是抗日战争时期培训青年干部的重要场所。现作为青训班遗址。

　　庄园坐北朝南，主体部分为三进院落，依南北中轴线排列，建筑面积1012m²。由南向北依次为门厅、前院东西厢房、厅、过厅、后院厢房、正房，门厅面阔八间，自东数第四间设入口，正房面宽五间，厢房单坡向内倾斜，为关中典型的单坡顶，但是院落与关中宅院相比显得宽阔许多，也更加亮堂，尽显大户人家的阔绰。院落东侧及北侧有假山花园，北侧为两层望月楼，目前望月楼得到保留，而假山石有过搬移和重修。

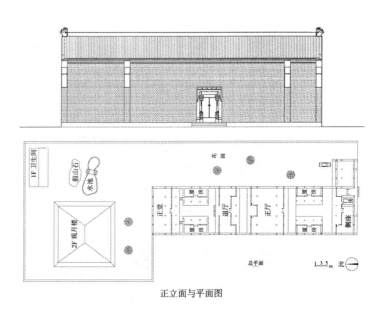

正立面与平面图

　　　　　　　　　　　　　　　农村新民居模式研究——以陕西关中民居为例

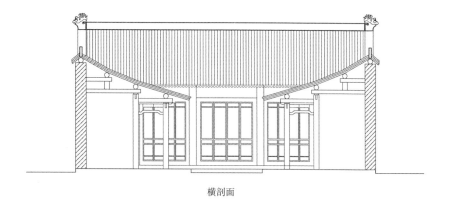

横剖面

北 ○ ⌐ 1 3 5 m

纵剖面

泾阳吴宅建筑内外

旬邑唐家村唐家庄园

唐家庄园修建于明末清初，现为旬邑县唐家民俗博物馆，位于咸阳旬邑县城东北7km处的唐家村，省级重点文物保护单位。唐家庄园为清代唐家富翁唐景忠的住宅，原有古建筑房屋和亭台楼阁87院，2700余间。后经战乱及其子孙变卖，大部分建筑被拆毁。现仅存下来的两进相毗连的三院和其他两院及一座完整的墓葬共计150余间，占地面积4036m²，其中建筑面积2631m²。房屋建筑结构严谨、雕梁画栋，颇具北方民间四合院的特色。园内还有三品盐运使唐廷铨的陵墓和石牌坊，其建筑将北方四合院和苏杭园林艺术相结合，砖雕、木雕、石雕众多，图案精美、细腻。整个庭院屋顶脊卧兽飞，檐牙鸟啄，墙壁为水磨石砖，造型优美，门栏窗棂更是玲珑剔透。为了抵御盗匪的侵害，在屋檐之间铺设一层坚固的铁丝网，这层铁丝网被叫作"拦天网"，在前文三原周宅中也有使用。

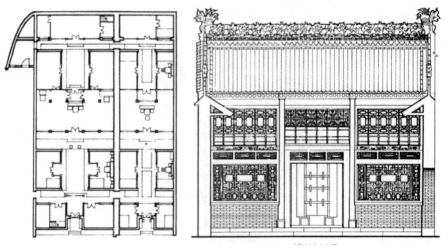

唐家庄园平面和立面

（引自徐小瑜.渭北高原传统民居研究——以陕西旬邑唐家大院为例[D].西安：西安建筑科技大学，2008.）

唐家庄园外观与内景

潼关水坡巷沈氏民居

沈氏民居位于陕西省渭南市潼关县秦东镇南街村水坡巷7号，是保存较为完整的关中四合院民居，经历了数百年的沧桑，几经灾难：明末李自成起义大军在此激战，1938年7月曾遭日寇轰炸坍塌，20世纪50年代又经古城移民拆迁。古宅也因此几经修整，但传统风貌犹在，结构规整，空间丰富，雕饰精致，尤其是门簪木雕精美。在民居门口有一棵苍劲有力的"乾隆槐"，亦称"龙槐"。史传清乾隆二十二年（1757年），高宗弘历皇帝巡视潼关，行至沈家门前，欣赏其庭院雅致而亲手植下这颗槐树，被后世子孙保护至今。抗日战争中树身遭受炮击所损，树体腰弓背曲，但却凌空跨巷延伸，枝繁叶茂。

水坡巷沈氏民居测绘图

垂花门立面图

侧座立面图

北

平面图

潼关水坡巷沈氏民居
（平面与立面图引自张良，
吴农.陕西潼关水坡巷沈
氏民居初探 [J]. 华中建筑，
2012，8:26–28.）

合阳灵泉村前巷37号院

　　灵泉村是一个典型的传统关中村落，现存有大量传统关中民居院落，但大多已空废或破败。前巷37号院当前住着一对60多岁的老人，院落为单进院落，倒座经过立面改造，堂屋于20世纪70年代由户主自己向北拆移4m，但基本保留了原有模样，西侧厢房增加一间，从而在东侧厦房处空出一小片院落，整个宅院相对传统关中窄院亮堂了许多。

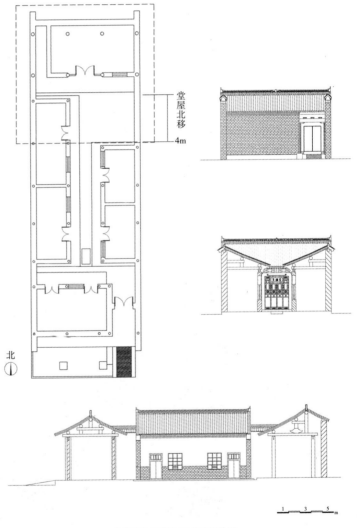

合阳灵泉村前巷 37 号院测绘图

合阳灵泉村前巷 37 号院

合阳灵泉村前巷39号院

灵泉村前巷39号院位于灵泉村老村内，共一进院落，宅院当前居住一对中年夫妇。该建筑基本保留了原有形制，厦房立面有少许改造。

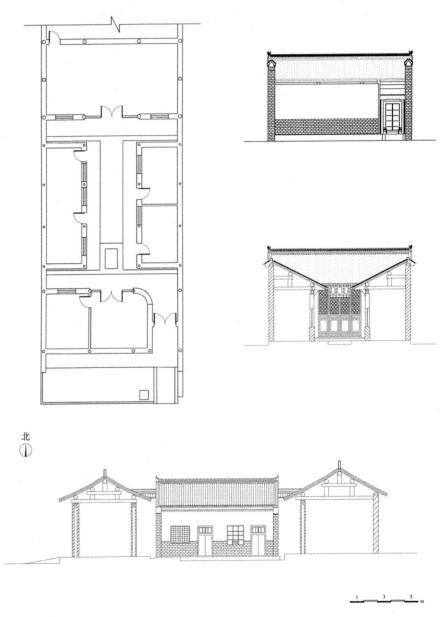

合阳灵泉村前巷 39 号院测绘图

合阳灵泉村前巷 39 号院外观与内景

蒲城杨虎城故居

　　杨虎城故居是1934年杨虎城将军在蒲城为其家眷修建的住宅，位于蒲城县东槐院巷29号，共分为东西两院，东院为正院，西院用作办公等功能（测绘部分为东正院部分）。两院总面积1376㎡，建筑面积758㎡，其中东院总长75m，建筑面积500㎡。两院房舍均为关中民居传统结构与式样，土砖木为基本建材，白石灰贴砌，花窗格栅制作精良，砖雕石刻工艺精湛。

蒲城杨虎城故居建筑外观

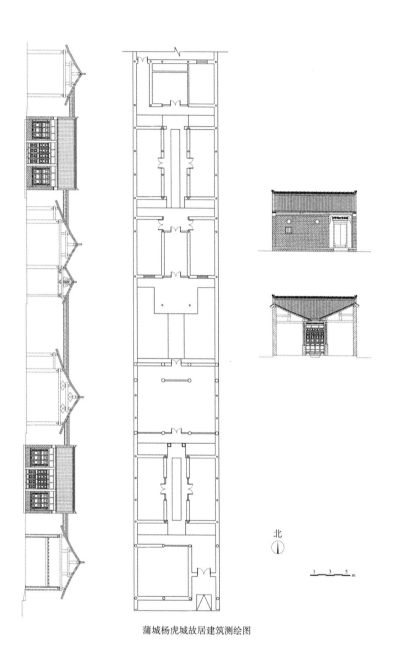

北

1 3 5
m

蒲城杨虎城故居建筑测绘图

蒲城王益谦故居（林则徐纪念馆）

　　宅院位于陕西省蒲城县插把巷16号，是清朝政治人物王益谦的故居，王益谦是王鼎的族弟，两人的故居分别在相距不远的两条巷子里。该宅院又称王家大院，清末名臣林则徐被贬途中曾居住于此，因此修缮用作林则徐纪念馆。该宅院共前中后三进，院落窄长，厦房单坡向内倾斜，为典型的关中宅院特征。第二进院落将厦房改为廊庑，结合抱厦形成半室外的过渡空间，空间开敞一改窄院的逼仄，点缀有水井、花卉，成为整个院落的趣味所在。院内建筑规整，砖雕石刻精致，空间富于变化，是关中民居中的精品。

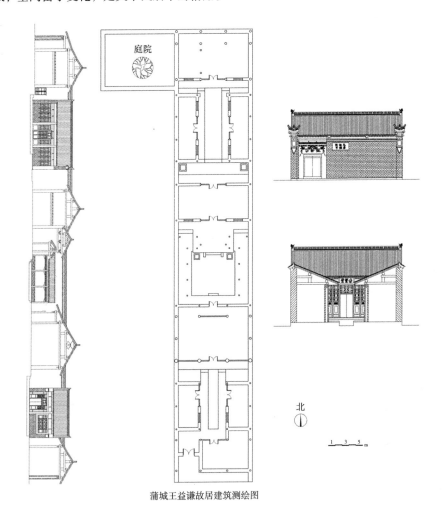

蒲城王益谦故居建筑测绘图

蒲城王益谦故居建筑

图书在版编目（CIP）数据

农村新民居模式研究——以陕西关中民居为例／虞志淳
著.—北京：中国建筑工业出版社，2016.5
人居环境可持续发展论丛（西北地区）
ISBN 978-7-112-18274-9

Ⅰ.①农…　Ⅱ.①虞…　Ⅲ.①农村住宅－研究－陕西省
Ⅳ.①TU241.4

中国版本图书馆CIP数据核字（2016）第096905号

责任编辑：石枫华
书籍设计：张悟静
责任校对：王宇枢　李美娜

人居环境可持续发展论丛（西北地区）
农村新民居模式研究—— 以陕西关中民居为例
虞志淳　著
＊
中国建筑工业出版社出版、发行（北京西郊百万庄）
各地新华书店、建筑书店经销
北京锋尚制版有限公司制版
北京中科印刷有限公司印刷
＊
开本：787×1092毫米　1/16　印张：13　字数：310千字
2016年10月第一版　2016年10月第一次印刷
定价：48.00元
ISBN 978－7－112－18274－9
（28680）

版权所有　翻印必究
如有印装质量问题，可寄本社退换
（邮政编码100037）